JET FIGHTERS INSIDE OUT

Classic Jets

1945-1960

JET FIGHTERS
INSIDE OUT
Classic Jets
1945-1960

1945-1960 전투기들의 황 금기

고전 제트기

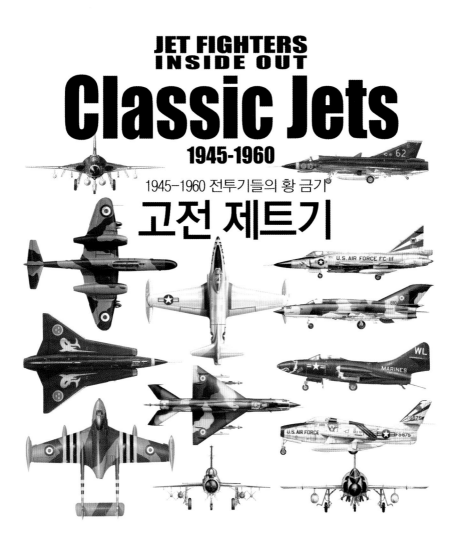

담터미디어

저자 짐 윈체스터(Jim Winchester)는 오랜 기간 항공작가로 활동하며,
A-4 Skyhawk, Dogfight, Fighter 등 여러 책을 집필하였다.
또한 저자는 Air Forces Monthly와 Aeroplane 등 여러 출판물에 기고하고 있다.
현재 저자는 런던에 거주 중이다.

옮긴이 엄지연은 덕성여자대학교 일어일문과 졸업. 2000~2002년 수산경제신문사 근무.
2002~2004년 캐나다 유학. 2007~2009년 미국 거주.
동인랑 출판사의 〈영어회화 표현사전〉〈Hello 생활회화〉〈Hello 매일회화〉 작업 외
담터미디어의 〈공룡〉(2011년)을 번역한 바 있다.

*일러두기
 이 책 속에 기록된 국(지)명은 현재 바뀌기도 하였으나 내용의 설정에 맞추어 사용된 대로 표기하였음.
 영문의 발음은 본 저작물의 원서가 영국에서 출간되었으므로 영국식을 기준으로 하였으며 본래의 모델명 등을 사용하고자 하였음.

*이 도서의 국립중앙도서관 출판시도서목록(CIP)은 서지정보유통지원시스템 홈페이지(http://seoji.nl.go.kr)와
 국가자료공동목록시스템(http://www.nl.go.kr/kolisnet)에서 이용하실 수 있습니다.(CIP제어번호: CIP2014000583)

JET FIGHTERS INSIDE OUT 〈Classic Jets〉 1945~1960
고전 제트기 2014년 2월 10일 초판 발행
펴낸곳 담터미디어 펴낸이 이용성 저자 Jim Winchester 옮긴이 엄지연
마케팅 박기원 신동수 전병준 박성종 관리 최진욱 홍진호 조병후
교정 · 편집 전은경 김미애 디자인 wooozooo 등록 제1996-1호(1996. 3. 5)
주소 서울 중랑구 용마산로79길 35(면목동) 전화 02)436-7101 팩스 02)438-2141
ISBN 978-89-8492-616-5 (03550) ⓒ 담터미디어 2014
*책값은 뒷표지에 있습니다.

JET FIGHTERS
INSIDE OUT
Classic Jets
1945-1960

1945−1960 전투기들의 황금기

고전 제트기

저자 Jim Winchester / 엄지연 옮김

Contents –차례–

Classic Jets 1945-1960
1945-1960 고전 제트기 ——————————— 8

Messerschmitt Me 262
Me 262 (멧서슈미트 사) ——————————— 14

Gloster Meteor
미티어 (글로스터 사) ——————————— 22

Lockheed P-80 Shooting Star
P-80 슈팅스타 (록히드 사) ——————————— 30

De Havilland Vampire and Venom
뱀파이어와 베놈 (드 하빌란드 사) ——————————— 38

Grumman F9F Panther and Cougar
F9F 팬서와 쿠거 (그루먼 사) ——————————— 46

North American F-86 Sabre
F-86 세이버 (노스아메리칸 사) ——————————— 54

Lockheed F-94 Starfire
F-94 스타파이어 (록히드 사) ——————————— 62

Mikoyan-Gurevich MiG-17 "Fresco"
MiG-17 프레스코 (미코얀 구레비치 사) ——————————— 70

Republic F-84 Thunderjet and Thunderstreak
F-84 썬더제트와 썬더스트릭 (리퍼블릭 사) ——————————— 78

Dassault Mystère and Super Mystère
미스테르와 슈페르 미스테르 (다소 사) ——————————— 86

Hawker Hunter
헌터 (호커 사) ——————————— 94

North American F-100 Super Sabre
F-100 슈퍼 세이버 (노스 아메리칸 사) ——————————— 102

Mikoyan-Gurevich MiG-19 "Farmer"
MiG-19 파머 (미코얀 구레비치 사) ———————————— 110

Gloster Javelin
제블린 (글로스터 사) ———————————— 118

Convair F-102 Delta Dagger
F-102 델타 대거 (컨베어 사) ———————————— 126

Douglas A-4 Skyhawk
A-4 스카이호크 (더글라스 사) ———————————— 134

Chance Vought F-8 Crusader
F-8 크루세이더 (챈스 보트 사) ———————————— 142

McDonnell F-101 Voodoo
F-101 부두 (맥도널 사) ———————————— 150

Lockheed F-104 Starfighter
F-104 스타파이터 (록히드 사) ———————————— 158

Republic F-105 Thunderchief
F-105 썬더치프 (리퍼블릭 사) ———————————— 166

Mikoyan-Gurevich MiG-21F "Fishbed"
MiG-21F 피쉬베드 (미코얀 구레비치 사) ———————————— 174

Convair F-106 Delta Dart
F-106 델타 다트 (컨베어 사) ———————————— 182

De Havilland Sea Vixen
시 빅센 (드 하빌란드 사) ———————————— 190

McDonnell Douglas F-4 Phantom II
F-4 팬텀 II (맥도널 더글라스 사) ———————————— 198

Saab J 35 Draken
J 35 드라켄 (사브 사) ———————————— 206

Glossary
용어 풀이 ———————————— 214

Classic Jets 1945-1960

"오직 용맹한 가슴속에서 피어나는 공격 정신만이
전투기에게 승리를 가져올 수 있으며,
그 항공기가 얼마나 발전된 것인가는 중요하지 않다."

—아돌프 갈란트(Adolf Galland) 중장, 처음과 마지막(The First and Last) 중에서—

멧서슈미트 사의 Me 262은 많은 연합국 조종사들이 본 처음이자 마지막 제트기였으나, 이것이 제2차 세계대전의 결과에 영향을 준다거나 독일군이 국지적인 공중우세를 다시 달성하기에는 그 속도가 너무 느리고 신뢰성이 떨어졌다.

　1945년, 아돌프 갈란트(Adolf Galland)가 멧서슈미트 사의 Me 262 항공기에서 그의 마지막 임무를 비행하고 있을 때는, 오직 6개국(영국, 미국, 독일, 일본, 스웨덴, 소련)만이 활발한 제트전투기 개발 프로그램을 가지고 있었으며, 이 중 2개국은 전쟁의 패배로 인해 곧 프로그램을 폐기하게 되었다. 1950년대와 60

년대에는 다른 여러 국가들도 독일 항공기 설계자들의 도움을 받아 자신들의 전투기 개발을 시도하였으며, 여기에는 스위스와 인도, 이집트, 아르헨티나가 포함되어 있다. 그러나 전투기 개발프로그램의 높은 비용과 항공전자장비 및 미사일의 복잡성 등으로 인해 동시대 다른 전투기보다 값이 비싸고 경쟁력도 떨어졌다. 결국 영국, 프랑스, 스웨덴을 제외한 거의 모든 서방측 및 비연합 국가들은 전투기 자체 개발을 포기하고 직접 구매 혹은 록히드, 다소, 호커를 통한 라이센스 생산을 하였다. 반면 공산주의 또는 모스

F-86 세이버는 조종사가 1세대 전투기의 특징인 많은 계기들을 바쁘게 모니터해야 하는 경우가 아니라면 외부시야가 매우 훌륭하였다.

크바의 우방국들은 미코얀 구레비치의 MiG기(또는 중국의 복제품)나 수호이 기를 사용하였으며, 인도와 파키스탄, 아랍 국가들은 서방이나 소련 또는 중국 전투기들을 구매함으로써 직접 개발에 대한 리스크를 줄일 수 있었다.

전투기의 황금기

1950년대는 특히 새로운 전투기 시제기가 거의 매달 나올 정도로 전투기의 황금기였다. 이들 중 일부 시제기들은 양산에까지 이르렀는데, 이 시기에는 적은 비용과 예산으로 전투기 생산이 가능하였다. 그러나 요구 성능의 증가와 기술의 복잡성, 엄격한 테스트와 평가 그리고 정치적 개입 등으로 인해 개발 프로그램은 설계가 결정되는 시점부터 최초 운영시까지 20년 정도 걸리게 되었다.

오늘날의 분석가들과 마케팅 부서들은 제트전투기들을 5개의 세대로 구분

Classic Jets 1945-1960

한다. 〈5세대 전투기〉라는 명칭은 1990년대에 러시아가 미국과 연합국들의 합동타격전투기(Joint Strike Fighter)에 대항하기 위한 개발이 추진된 1급 비밀 프로그램에 사용한 용어다. 이런 세대 구분은 어느 정도 고착되었고 이러한 구분은 일부 논쟁의 여지가 있기는 하지만, 제2차 세계대전 이후 생산된 전투기들은 이전 세대의 전투기로 분류될 수 있다.

　1세대 전투기들의 특징으로, 무장은 기총과 일부는 로켓을 장착하였으며, 날개는 직선익 혹은 후퇴익 형태이고, 추력 증강이 되지 않는(후기연소 기능이 없는) 한 개의 엔진을 가지고 있어서 고도 강하시를 제외하면 모든 비행단계에서 속도가 아음속 범위에 있었다. 레이더가 있는 경우, 이는 단순히 기총을 조준하기 위한 거리 측정용이었다. 1세대 항공기에는 노스 아메리칸 사의 F-86 세이버, 글로스터 사의 미티어, 미코얀 구레비치 사의 MiG-15, 그루먼 사의 F9F 팬서/쿠거와 드 하빌란드 사의 뱀파이어와 베놈 등이 있다. 이들 중 현재

미코얀 구레비치 사의 MiG-21은 1960년대와 1970년대에 세계로 널리 퍼져나갔으며,
이 마지막 2세대 전투기는 아직도 많이 남아 있다.

단좌형 전투기로서의 작은 크기와 기계적 복잡성의 절정체인 F-105의 주요 방어 수단은 저고도에서의 속도였다.

까지 비행이 가능한 오직 몇몇 항공기들만이 전장이 아닌 에어쇼장에서 비행을 하고 있다.

지속적으로 증가되는 복잡성

수평비행 상태에서의 초음속 비행능력과 기본적인 유도미사일, 공대공 레이더는 2세대 전투기들에서부터 가능하게 되었다. 컨베어 F-102 델타 데거(Delta Dagger)와 F-106 델타 다트(Delta Dart)는 조종간에서 손을 뗀 상태에서도 지상관신호만으로 요격이 가능하였다. 후퇴익과 델타익이 보편적으로 되었고 후기연소 엔진도 널리 퍼졌다. 2세대 전투기들은 노스 아메리칸 사의 F-100 슈퍼세이버부터 F-106, 미코얀 구레비치 사의 MiG-19와 MiG-21, 챈스 보트 사의 F-8 크루세이더, 사브 35 드라켄, 다소 사의 미라지III/V, 호커 사의 헌터, 잉글리시 일렉트릭 사의 라이트닝, 제블린 등 〈센츄리 시리즈〉의 모든 전투기들을 포함한다. MiG기와 그와 대등한 중국전투기들 몇 대를 제외하고는

Classic Jets 1945-1960

모든 2세대 전투기들은 현직에서 사라졌다.

　3세대 전투기들은 〈fire and forget(발사 후 이탈)〉과 육안거리 밖에서 운용 가능한(BVR) 미사일로 인해서 때때로 기총을 없애기도 하였다. 그러나 실제 전투에서는 교전규칙으로 인해 육안식별이 되기 전까지는 발사가 제한됨에 따라 결국 미사일을 장착한 전투기들이 기총을 장착한 작고 민첩한 적들과의 근접교전 상황으로 들어가게 되었다. 베트남에서 미국은 공대공 전투에 대한 중요한 교훈을 얻은 다음에야 공대공 전투에서 우세하였다. 대표적인 3세대 전투기들

브라질 해군 같은 작은 항공대는 더글라스의 A–4 스카이호크를 구입해서 업그레이드하는 것이 낮은 가격으로 전투력을 유지할 수 있는 방안이 된다.

은 팬텀, 파나비어 토네이도, 미코얀 구레비치 MiG-23, 사브 37 비겐 등이며, 이들 전투기들은 아날로그 통제시스템과 전통적인 눈금판 방식의 조종석 계기를 가지고 있었으며 항공차단 및 방공제압 등과 같은 다양한 임무를 위하여 서로 다른 타입의 전투기들이 존재하였다.

실전에서의 증명

3세대 항공기들은 동남아와 중동에서 많은 전투를 실시하였으며 이들 중 상당수의 전투기들, 특히 팬텀, 미라지 F1, F-5 등은 아직 운용 중에 있다. 이런 오래된 항공기들은 업그레이드 프로그램 덕분에 멀티모드 레이더와 **유리** 조종석 그리고 AMRAAM(Advanced Medium Range Air to Air Missile)과 최신형 사이드와인더 등과 같은 정밀 무장과 결합되어 새로운 생명력을 갖게 되었다. 다음 세대를 위한 이러한 기술적 발전은 그 당시에 운용되고 있는 전투기들에도 도입되어 교체를 기다리고 있는 구형 전투기들이 경쟁력을 갖추도록 하는데 기여하기도 하지만, 한편으로는 필요한 신형 전투기에 대한 수요를 줄이는 결과를 가져오기도 한다. 이러한 이유로 인해 몇몇 전투기 제조사들은 그들의 가장 큰 경쟁상대로 그들의 **전설적인** 전투기들을 꼽기도 한다.

1950년대는 특히 새로운 전투기 시제기가
거의 매달 나올 정도로 전투기의 황금기였다.

Messerschmitt Me 262

Me 262 (멧서슈미트 사)

Me-262는 세계 최초로 운용된 제트전투기였지만
정치적 혹은 기술적 문제들로 인해 잠재된 역량을 발휘하지 못한 채
제2차 세계대전이 끝나기 전 몇 개월 동안에만 전투에 쓰였다.

Me 262 A-1 A/B 제원

크기
길이: 34.9ft (10.58m)
높이: 12.7ft (3.83m)
날개 너비: 40.11ft (12.5m)
날개 면적: 234ft² (21.73m²)
날개 후퇴각: 18° 32'

추력장치
융커스 유모(Junkers Jumo) 축류형 터보제트 엔진
2개(004B-1, 004B-2, 004B-3형) /
엔진당 1,984 lb st (8.83kN) 추력

중량
자체중량: 3,778lbs (3795kg)
체공중량: 9,742lbs (4413kg)
최대이륙중량: 14,080lbs (6387kg)

성능
최대속도: 해면고도: 514mph (827km/h)
9,845ft (3000m): 530mph (852km/h)
19,685ft (6000m): 540mph (869km/h)
26,245ft (8000m): 532mph (856km/h)
초기상승률: 3,937ft/m in (1200 m/분)
상승고도: 40,000ft (12,190m) 이상
운용거리: 652마일(1050km) / 29,530ft (9000m) 고도
착륙속도: 109mph (175km/h)

무장
30mm Mk 108A-3 기종 4문(기종당 최대 100발,
최소 80발), Revi 16.B 또는 EZ.42 자이로 안정형
사격조준기, R4M 공대공 로켓 12발(Me 262A-1b
양 날개에 장착)

"마치 천사가 나를 미는 것 같았다."

– Me 262의 첫 비행을 마친 아돌프 갈란트(Adolf Galland) 소장의 소감 –

● Me 262에 탑재된 Jumo 004엔진의 예상 운영시간은 10시간이었다.
● 소수의 Me 262B 복좌형 야간용 전투기들이 양도되었다.
● 약 1,400대의 Me 262가 생산되었고, 전투에서 100대의 손실로 약 500대의 연합군 전투기를 격추시켰다

멧서슈미트 사 Me 262

Me 262 A-la는〈Schwalbe(슈발베, 영어명 Swallow)〉의 첫 생산 모델이었으며, Me 262 A-2a 〈Sturmvogel(슈툼포겔, 영어명 Stormbird)〉가 그 뒤를 이어 생산되었다. 이 JG 7 비행단 3연대 소속의 262 A-1a은 1945년 4월에 독일 스텐달 격납고에서 연합군에 의해 발견되었으며, 독일 것으로 추정되는 대공무기에 의해 파손되어 있었다. 이를 수리하거나 평가용으로 사용하는 것을 검토하였으나 더 나은 기체들이 있었기 때문에 폐기되었다. Jagdeschwader 7은 Me 262 전투기만 배치된 유일한 비행단이었으며, 전쟁이 끝나기 전까지 연합군 항공기를 상대로 135번 이상의 승리를 거둔 부대였다. 1945년 3월 18일, 이 부대는 Me 262 전투기가 수행한 역대 가장 큰 규모의 임무를 위해 Me 262 37대를 이륙시켰으며, 이 임무 중에 R4M 로켓을 최초로 사용하였다.

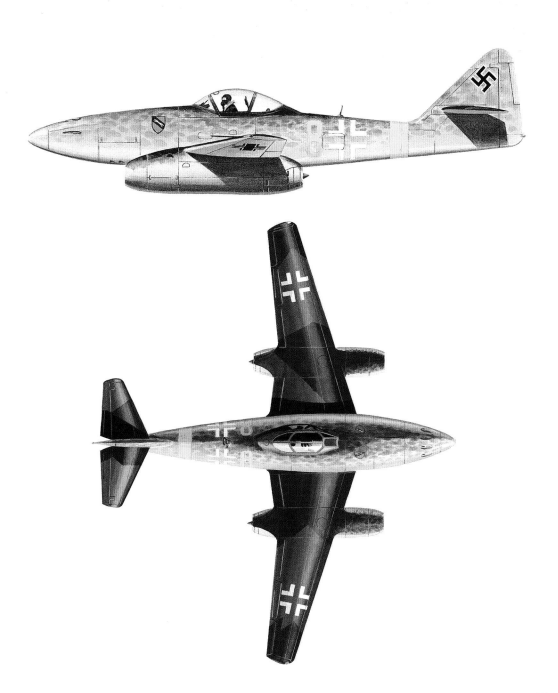

멧서슈미트 사 Me 262 – 파생형

2차대전 중

Me 262 A-0: 2개의 Jumo 004B 터보제트 엔진을 장착한 시제기

Me 262 A-1a 〈Schwalbe(슈발베)〉: 양산형 버전, 전투기 및 전폭기

Me 262 A-1a/R-1: R4M 공대공 로켓 장착을 장비 장착

Me 262 A-1a/U1: 기수에 6개의 기총을 탑재한 단일 시제기

Me 262 A-1a/U2: FuG 220 리히텐슈타인 SN-2 레이더를 장착한 단일 시제기

Me 262 A-1a/U3: 정찰기 버전

Me 262 A-1a/U4: 적 폭격기 공격기 버전

Me 262 A-1a/U5: 기수에 6개의 MK 108 기총을 탑재한 중공격기

Me 262 A-1b: A-1a형이나 BMW 003 엔진을 탑재

Me 262 A-2a 〈Sturmvogel(슈툼포겔)〉: 정식 폭격기 버전

Me 262 A-2a/U1: 발전된 폭격조준기를 탑재한 단일 시제기.

Me 262 A-2a/U2: 폭격수의 임무 용이성을 위하여 유리형 기수를 장착한 2개 시제기

Me 262 A-3a: 지상 공격기형으로 계획된 버전

Me 262 A-4a: 정찰기 버전

Me 262 A-5a: 정식 정찰기 버전

Me 262 B-1a: 복좌형 훈련기

Me 262 B-1a/U1: Me 262 B-1a 훈련기에 FuG 218 넵튠 레이더를 장착하여 임시적인 야간작전용 전투기로 전환한 형태

Me 262 B-2: 동체가 길어진 야간작전용 전투기 버전

Me 262 C-1a: 꼬리날개에 Walter HWK 109-509를 장착한 로켓 추진형 요격기(Heimatschutzer I)의 단일 시제기

Me 262 C-2b: 로켓 추진형 요격기(Heimatschutzer II)의 단일 시제기

Me 262 C-3a: 개발 미완료. 동체 하부에 Walter 로켓 모터를 장착한 로켓 추진형 Heimatschutzer III 시제기 가능성

Me 262 S: Me 262 A-1a에 대한 '0' 시리즈 모델

Me 262 V: Me 262 테스트 모델

종전 이후

Avia S-92: 체코슬로바키아에서 개발한 Me 262A

Avia S-92: 체코슬로바키아에서 개발한 Me 262 A-1a

Avia CS-92: 체코슬로바키아에서 개발한 Me 262 B-1a (복좌형 훈련기)

독일 제트엔진 연구는 1930년대 후반에 시작하여 Heinkel He 178과 He 180이 1939년과 1940년에 각각 첫 비행을 하는 결과를 낳았다. 1942년에 이르러 에른스트 하잉켈(Ernst Heinkel)은 나치 권력층으로부터 총애를 잃게 되었으며, 전쟁의 양상은 방어용 전투기가 얼마나 뛰어난 성능을 가지고 있든지 간에 독일은 방어용 전투기가 필요하지 않을 만큼 잘 진행되는 것처럼 보였다. 윌리 멧서슈미트는 본인의 설계를 만들고 있었

동체 밑에 2개의 폭탄을 장착한 Me 262A-2a 〈슈툼보겔(Sturmvogel)〉은 빠르긴 하지만 부정확한 전투 폭격기였다.

으며, 이는 BMW사나 융커스(Junkers) 사의 축류형 터보제트 엔진으로 추진될 예정이었다.

지상 실험에서 해당 동력장치는 충분한 추력을 내지 못했지만, 그럼에도 불구하고 멧서슈미트는 기체 생산을 진행하였고, 1941년 4월에 기체 앞쪽에 융커스(Junkers) 사의 Jumo 210G 피스톤 엔진을 장착한 Me 262가 비행을 하게 되었다.

시제기 외장

BMW 003 엔진을 장착한 완전한 제트 동력의 Me 262 V3는 V1의 미륜식 랜딩기어를 가지고 있었다. 그러나 이것은 추력선과 날개 붙임각이 비행 가능한 속도를 만들 만큼 날개 위쪽으로의 충분한 공기흐름을 발생시키는 것을 저해하는 결과를 발생시켰기 때문에 잘못된 설계였다는 것이 증명되었다. 임시방편으로 조종사가 이륙 활주시 브레이크를 살짝 밟음으로써 꼬리를 올려 부양할 수 있도록 하였다. 이후 항공기들은 랜딩기어를 앞바퀴형으로 변경하였다. 제트 동력만으로 첫 비행을 성공한 것은 1942년 7월이었다.

양산형 모델인 Me 262A는 Jumo 004의 동력으로 추진되었으며, 2개 혹은 4개의 30mm MK 108 기총으로 무장되었다. 이후의 항공기들은 R4M 비유도 로켓을 장착할 수 있었다. 앞전(leading edge) 후퇴각은 18.5도로 미래 기준으로 후퇴익 항공기로 불리기에는 충분하지 않았다.

1944년 여름에 시험유닛이 보유한 Me 262. 연합군 공대지 항공기들은 독일군의 표적이 되지 않도록 분산시키거나 위장된다.

　　1943년 11월에 Me 262 전투기를 본 아돌프 히틀러는 이 항공기가 폭탄을 장착할 수 있는지 물었다. 윌리 멧서슈미트는 그 자리에서 장착 가능한 것으로 거짓말을 했지만, 기술자들을 시켜 전방 동체 아래쪽에 2개의 폭탄을 장착할 수 있도록 개조했다. 이 개조작업으로 인해 전투기 운용 시기가 지연되었는지는 논쟁의 여지가 있지만, 그것은 예상보다 훨씬 더 어려운 작업이었고 거리가 매우 짧고 정확도도 낮은 폭격기를 생산하게 되어 동맹군이 프랑스를 침략하는데 효과가 전혀 없었음에는 이론의 여지가 없었다. 최초의 시험기는 1944년 5월에 사업에 들어갔고, 9월에는 최초로 작전 가능한 전투기 대대를 창설했으며, 283번의 승리를 거둔 에이스 월터 노왓니(Walter Nowotny)의 이름을 따서 코만도 노왓니(Kommando Nowotny)라는 명칭을 부여했다.

　　노왓니는 P-51 머스탱의 공격으로 1944년 11월 추락하였다. Me 262의 고속 및 고고도에서의 우수성에도 불구하고 이 전투기는 착륙 접근시에 극히 취약하였고, 콘크리트 포장 활주로로 인하여 연합군 전투기들이 쉽게 식별할 수 있었다.

Me 262의 기본적이고 잘 정리된 계기판. 터빈이 과열될 경우 조종사가 조치할 수 있도록 오른쪽의 엔진 계기판을 주의해서 봐야 했다.

파괴적인 효과

여러 개의 부대가 창설되었지만 가장 큰 부대도 한 번에 30대 이상의 항공기를 운용하는 것은 극히 드물었다. Me 262는 1944년 8월에 최초로 확인된 승리를 거두었다. 미공군 폭격기를 공격하기 위하여 Me 262가 집중될 수 있을 경우에는 이들 전투기들의 효과는 파괴적이었다. 총 27명의 독일공군(Luftwaffe) 조종사들이 비록 그들 중 많은 조종사들은 이미 프로펠러 전투기의 전문가들이었기는 하나, Me 262로 5대 혹은 그 이상을 격추시킴으로서 전투기 에이스가 되었다. 이들 중 한 명인 아돌프 갈란트는 7대의 미국 항공기를 포함하여 총 104대를 격추하였다.

최후의 Me 262는 지원계통, 특히 지원 차량용 연료에 대한 연합군의 공격과, 지속적으로 높은 온도에 적절하지 않은 재질로 만들어진 신뢰할 수 없는 엔진 때문에 작전에 제한을 받았다.

Gloster Meteor
미티어 (글로스터 사)

미티어는 연합군이 최초로 운용한 제트전투기이자
제2차 세계대전 중에 실제 전투에서 볼 수 있었던 유일한 전투기이다.
이후 변형된 기종들이 한국전에서도 사용되었고, 1960년대까지도 잘 운용되었다.

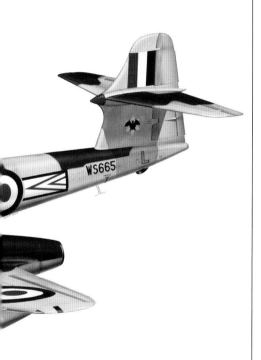

미티어 F.MK 8 제원

크기
길이: 44.7ft (13.59m)
날개 너비: 37.2ft (11.33m)
높이: 13ft (3.96m)
날개 면적: 350ft^2 (32.515m^2)
날개 가로세로비: 3.9
날개뿌리시위(chord): 11.9ft (3.6m)

추력장치
롤스로이스 데웬트 8 터보제트 엔진 2개 /
엔진당 3500lbs 추력

중량
자체중량: 10,684lbs (4846kg)
최대탑재중량: 15,700lbs (7122kg)

성능
최대속도: 해면고도: 592mph (953km/h)
30,000ft (9144m): 550mph (885km/h)
30,000ft (9144m)까지 상승: 6분 30초
상승고도: 44,000ft (13,410m)
운용거리: 690마일(1111km), 보조연료탱크 미장착시
순항속도: 592mph (953km/h) / 504 US gal
(1,909ℓ) 연료, 40,000ft (12,192m)에서

무장
기체 전방에 고정형 20mm 브리티시 히스파노 기총
4문(기총당 195발)

"내가 크리스마스 때 유일하게 가지고 싶은 것이 바로 후퇴익이다."
– 한국전에서 호주 미티어 조종사들이 부른 노래, 1951년 –

"비행할 때도 아름답고 움직임도 사랑스러워서 마치 애인과 같은 비행기다."
– 미티어 사출좌석 테스트 조종사, 댄 그리핏 –

● 개조된 미티어는 터보프롭 엔진 추력만으로 비행한 최초의 항공기다.
● 복좌형 훈련기 또는 야간용 미티어는 사출좌석을 갖추지 않았었다.
● 44개의 영국공군 비행대대와 12개의 영국해군 항공대가 미티어를 사용하였다.

글로스터 사 미티어

미티어 야간 전투기는 영국 커벤트리에서 암스트롱 휘트워스(Armstrong Whitworth)가 개발하였다.
NF 14는 군에 배치된 마지막 전투기다. T7 훈련기 이후로 여러 개의 튼튼한 뼈대가 있는
캐노피가 장착된 초기 모델들과 달리, NF 14는 조종사와 레이더 조작사를 위한 투명한 둥근
형태의 캐노피가 있었다. 원형인 NF 11과 비교하여 Mk 14는 꼬리날개는 더 높아졌고,
주날개는 더 길어졌으며, 기수는 더 길어졌다. WS600은 영국 공군에게 1954년에 인도되었다.
1959년에는 싱가폴 텡가에 있는 60대대에서 사용되었다. 60대대가 글로스터 제블린을 배치함
에 따라 1961년 8월에 공군 셀레타 공군기지에서 임무를 종료하였으며, 나중에 폐기되었다.

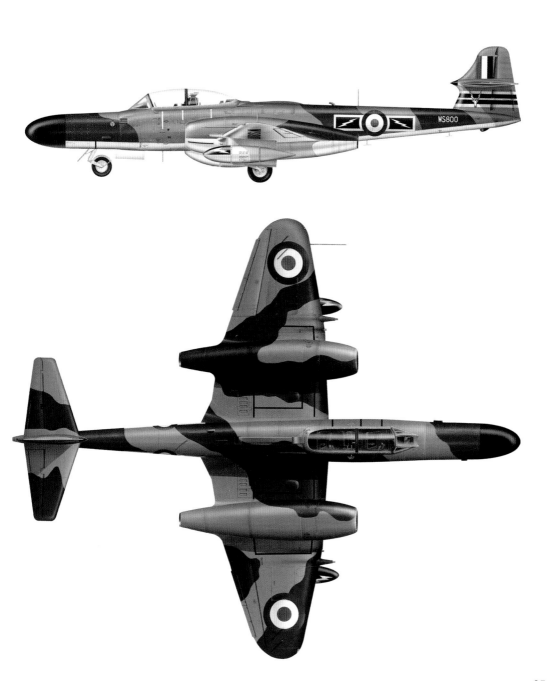

글로스터 사 미티어 – 파생형과 운용 국가

파생형

F: 1943~1944년 사이 생산된 최초의 양산형 버전

F 1: 1945년 생산, EE227로 명명, 새로 생산된 상당히
성공적인 롤스로이스 트렌트 터보프롭 엔진을 위한
시험용, 세계 최초의 터보프롭 추진 항공기

F 2: 엔진 대체를 위해 생산된 모델

F 3: 슬라이드 방식 캐노피를 장착한 Derwent 1 엔진 버전

F 4: 길어진 동체를 가진 Derwent 5 엔진 버전

FR 5: F 4의 정찰 전투기 버전을 위한 시험용

T 7: 복좌형 훈련기

F 8: F 4를 크게 발전시킨 버전으로서 동체가 길어졌고,
연료 탑재량이 늘어났으며, 우수한 사출좌석과 개선된
꼬리날개가 장착됨.

F 8 Prone 조종사: 암스트롱 휘트워스가 변형시킨
WK935로 Prone 조종사 시험용으로 변형시킨 F 8.
순전히 〈Prone 조종사(엎드린 채 비행하는 조종사)〉
시험용임

FR 9: F8의 정찰 전투기 버전

PR 10: F8의 사진촬영 정찰기 버전

NF 11: 공중 요격 레이더를 장착한 야간 전투기 형태

NF 12: 미국이 생산한 레이더를 장착한 기수가 길어진
NF 11

NF 13: 해상에서의 작전을 위한 열대지방용 버전

NF 14: 2개로 분리되어 있는 새로운 캐노피를 장착한
NF 11

U 15: F 4를 무인기로 개조한 버전

U 16: F 8를 무인기로 개조한 버전

TT 20: 고속으로 표적을 견인하도록 개조된 NF 11

U 21: F 8를 무인기로 개조한 버전

운용 국가
아르헨티나 공군
오스트레일리아 공군
벨기에 공군
브라질 공군
캐나다 공군
덴마크 공군
에콰도르 공군
이집트 공군
프랑스 공군
이스라엘 공군
네덜란드 공군
뉴질랜드 공군
노르웨이 공군
남아프리카공화국 공군
스웨덴 공군
시리아 공군
영국 공군 및 해군 항공대

제트엔진 선구자인 프랭크 휘틀(Frank Whittle) 경이 1930년대에 실용적인 가스터빈(제트) 항공기 엔진을 개발하려고 노력하였다. 영국 항공부는 1940년에 휘틀 W.2 엔진을 탑재한 전투기 개발을 요청하였으며, 그 이후에 글로스터 휘틀로 명명된 E28/39 시험용 항공기가 1941년 5월 첫 비행을 실시하였다. 휘틀의 최초 엔진은 낮은 추력과 그 신뢰성에 대한 의문으로 인해 운용할 항공기에 2개의 엔진을 장착하여 운용하는 것이 적절할 것이라고 제안하였다. 휘틀 자신이 운영하는 작은 Power Jet 사는 직접 항공기를 만들거나 엔진을 대량생산할 수 없는 상황이었다. 따라서 글로스터 사가 G41 항공기를 만들 것을 제안하였고, 롤스로이스 사가 엔진 개발을 맡아 W.2를 기초로 Wella대대 엔진을 생산하였다. 비록 G41 시제기(곧 미티어로 불림)는 1942년 3월에 드 하빌란드 할포드(de Havilland Halford) H.1 엔진을 장착하여 비행하였지만 말이다.

미티어 F1은 영국공군이 1944년 7월 켄트(Kent)에 위치한 만스톤(Manston) 기지에 배치하기 전 2년간의 시험과 훈련기간이 있었다. 이후 이 전투기들은 바로 전장에 투입되어 런던을 향해 발사되어 날아오는 폭탄인 V-1을 상대하게 되었다. 미티어에 장착된 4문의 20㎜ 기총으로 공격하거나 윙팁으로 살짝 때려서 V-1을 조종불능 상태로 만듦으로서 12개 이상의 V-1이 파괴되었다. 처음에는 미티어가 비밀을 보존하기 위하여 적진 위를 비행하는 것이 금지되었지만, 금방 이 금지사항을 포기하였다. 제2차 세계대전이 끝날 무렵에는, 미티어가 가끔 독일공군의 유인 항공기를 만나 오랫동안 교전을 하기도 하였지만 대부분은 주로 공대지 임무에 투

이스라엘의 미티어 F 8은 1955년 이집트 뱀파이어를 격퇴하였다.
1956년부터 해당 항공기가 퇴역한 1961년까지 미티어는 주로 로켓과 폭탄을 탑재하여 지상공격용으로 쓰였다.

입됨에 따라 적 항공기를 상대로 승리를 거둔다든지 손실을 겪는 경우가 거의 없었다. 이런 공대지 임무에서 미티어들은 지상에 있는 수많은 항공기와 차량들을 파괴하였다.

미티어는 전투기, 지상공격기 및 정찰기 모델들이 연속하여 개발되었다. 가장 중요한 기종은 Derwent 8 엔진을 장착하고 더 높아진 꼬리날개와 긴 동체를 가진 F8 항공기였다. 호주공군도 한국전에서 이 기종을 사용했지만 그 당시 후퇴익을 가진 미코얀 구레비치의 MiG-15의 등장으로 손실 대비 격추율이 좋지 않았다.

영국공군에서는 전투용으로의 기능이 끝난 미티어 T 7을 고등비행 훈련기로 사용하였다. 엔진 이상으로 훈련 조종사들의 사고 발생률이 높았다.

어려운 비행 조작

미티어는 엔진 한 개가 꺼진 상태에서 낮은 속도의 조작이 아주 어려웠다. 그러나 실제 엔진 이상으로 인한 사고보다 이착륙 중 엔진 이상에 대비한 훈련시에 더 많은 사고가 발생하였다. 거의 모든 기종에 레이더가 장착되지 않았으며 이로 인해 악천후 속에서 비행하다가 지상에 충돌하는 사고가 발생하기도 하였다. 복좌형 모델은 기존 모델들처럼 사출좌석이 없었다. 영국공군 역사에서 총 890대의 미티어가 손실되있는데 1952년에만 150대나 잃었다.

1949년부터 암스트롱 휘트워스가 야간임무용 전투기의 다양한 기종을 생산하기 시작했다. NF 11은 미국이 생산한 레이더를 탑재하여 긴 기수를 가지고 있었으며, 레이더 조작사를 위한 별도의 좌석이 있었고 기체 대신 바깥쪽 날개에 기총을 장착하였다. NF 13 모델은 열대지방에 적합하였고 좀 더 발전된 기종인 NF 14도 뒤이어 개발

처음으로 대량 생산되어 공장에서 막 출시된 미티어 F 3. F 3은 나중에 U 16 표적용 무인기로 전환되었다.

되었다. 영국공군과 마찬가지로 이스라엘, 이집트와 시리아도 미티어를 운영하였다. 단좌형 및 훈련기들은 9개국(호주, 벨기에, 덴마크, 에콰도르, 이집트, 프랑스, 이스라엘, 네덜란드, 시리아)으로 수출되었다. 다른 기종들은 민간 기관들이 표적 견인기나 사출좌석 시험용으로 사용하였다. 이스라엘 공군이 1970년까지 훈련기로 사용하였던 것이 아마도 군대에서 미티어를 마지막으로 사용한 것으로 보인다.

Lockheed P-80 Shooting Star

P-80 슈팅스타 (록히드 사)

비록 이후에 나온 후퇴익 항공기로 인해 금방 자리에서 밀렸지만,
P-80은 미국 최초의 성공적인 제트전투기였다.
이 항공기는 이후 역사상 가장 성공적인 제트 훈련기로 개조되었으며,
결국 록히드의 F-94 스타파이어(Starfire)로 진화되었다.

F-80C 슈팅스타(초기형) 제원

크기
길이: 34.5ft (10.49m)
높이: 11.3ft (3.42m)
날개 너비: 38.9ft (11.81m)
날개 면적: 237.5ft² (22.07㎡)

추력장치
앨리슨 J33-A-23/35 터보제트 엔진 1개
· 일반: 4,600 lb st (20.7kN)
· 물분사 추력: 5,200 lb st (23.4kN)

중량
자체중량: 8,420lbs (3819kg)
총중량: 12,200lbs (5534kg)
최대이륙중량: 16,856lbs (7646kg)

연료
연료(정상): 425 US gal (1609ℓ)
연료(최대): 755 US gal (2858ℓ) /
　　외부연료탱크 장착시

성능
최대속도
· 해면고도: 594mph (956km/h)
· 25,000ft (7620m): 543mph (874km/h)
순항속도: 439mph (707km/h)
착륙속도: 122mph (196km/h)
고도상승: 25,000ft (7620m)까지 7분 소요
상승률: 6,870ft (2094m)/분
상승고도: 46,800ft (14,265m)

거리
운용거리: 825마일(1328km)
최대운용거리: 1,380마일(2221km)

무장
0.5 in (12.7mm) 콜트브라우닝 M3 4문(기총당 300발),
5 in (127mm) 초고속로켓 4발 또는 1,000lbs (454kg)
폭탄 2발

" '슈팅스타'라는 이름에 걸맞게 나는 마치 유성 위에 타고 있는
것 같은 느낌이었다. 내가 지금까지 받은 모든 훈련과 비행은
이 전투기를 타기 위해서였는지도 모른다."

– 돈 로페즈(Don Lopez), 미국공군 시험비행 조종사 –

- 슈팅스타는 미국 최초로 운용된 제트전투기였다.
- 초기 P-80은 사출좌석이 없었으며, 일부 에이스 조종사가 시험비행 중 사망하기도 하였다.
- 많은 수의 F-80이 QF-80 무인기로 개조되면서 전투기로서의 생을 마감하였다.
  QF-80은 표적으로 사용되었으며 핵 실험장 상공의 공기 샘플을 채취하는데 사용되었다.

록히드 사 P-80

〈솔티 독(Salty Dog)〉은 1950년 7월 17일 한국전 초기에 북한 Yak-9을 격추시킨 제35전투
폭격대대의 프랜시스 클라크 대위가 조종하던 F-80C 전투기의 애칭이다. 슈팅스타는 북한의
피스톤 엔진 항공기인 Yak-9과 IL-10은 상대할 수 있었지만 6대의 MiG-15와의 전투에서는
14대나 추락하였다. F-80은 공중전을 위한 사격조준기의 성능이 좋지 않았으며, MiG기보다
민첩성이 떨어져서 공대지 임무에 더 적격이었다. 한국전에서 몇 대 운용되지 않았던
구형 모델인 F-80A나 RF-80A와 달리 F-80C는 사출좌석을 가지고 있었다.

P-80 슈팅스타 – 파생형

EF-80: 프론 파일럿(prone pilot, 엎드린 채 조종하는)을 위한 시험용 항공기

XP-80: 시제기(1대 생산)

XP-80A: 제2차 시제기(2대 생산)

YP-80A: 12대가 생산된 양산 전 항공기

XF-14: YP-80A형의 미국육군항공대용 사진 정찰기 시제기

P-80A: 344대가 생산된 블록 1-LO 항공기; 180대 생산된 블록 5-LO 항공기. 블럭 5와 이후 생산된 슈팅스타는 금속표면처리가 되었다.

F-80A: P-80A의 미공군 명칭

EF-80: 프론 파일럿 조종석 위치를 테스트하기 위한 변형

F-14A: P-80A의 변형, FP-80A로 명칭 변경됨

XFP-80A: 카메라 장비를 장착하기 위하여 개폐가 가능한 기수가 있는 변형된 P-80A 44-85201

F-80A: 아래쪽에서 소련 폭격기를 공격하는 것이 가능한지 연구하기 위해 2개의 0.5인치(12.7mm) 기총을 상방향으로 비스듬하게 장착한 (2차대전 당시 독일의 Schrage Musik과 유사한) 테스트 항공기

F-80: 완전히 직각으로 장착된 기총이 달린 항공기

FP-80A: 152대가 생산된 블록 15-LO; 작전용 사진 정찰 항공기

RF-80A: FP-80A의 미공군 명칭; 66대가 생산된 F-80A가 RF-80A로 변형됨.

ERF-80A: P-80A 44-85042 기수 외형을 시험적으로 변형함.

XP-80B: J-33 엔진을 장착한 변형된 P-80A. P-80B용 시제기로 한 대가 생산됨.

P-80B: 209대가 생산된 블럭 1-LO; 31대가 생산된 블록 5-LO; 최초로 사출좌석이 장착된 모델

F-80B: P-80B의 미공군 명칭

XP-80R: XP-80B 변형

P-80C: 162대 생산된 블록 1-LO; 75대 생산된 블록 5-LO; 561대 생산된 블록 10-LO.

F-80C: 미공군 명칭. P-80 주 생산 기종.

RF-80: 성능 개량된 사진 정찰기.

DF-80A: 무인기로 전환된 F-80A.

QF-80A/QF-80C/QF-80F: 배드보이 프로젝트(Project Bad Boy)에 의해 표적용 무인기로 전환된 F-80

TP-80C: TF-80C 훈련기 시제기에 대한 최초의 명칭.

TF-80C: T-33의 시제기.

TO-1: 미해군의 F-80C 변종.

XP-80R은 P-80B의 버전으로 1947년 6월 최초로 시속 1000km를 돌파하였다.

　제2차 세계대전 기간 동안 미국은 유럽보다 제트전투기 개발에서 뒤쳐졌다. 1942년 10월에 벨 사의 XP-59 에어라카밋(Airacomet)이 글로스터 사의 미티어보다 먼저 비행하였지만, 이후 막다른 벽에 부딪혀 더 이상 발전가능성이 없었다.

　1943년 봄 록히드 사는 자신들의 항공기 설계를 제안하였고, 그것은 미육군항공대에 의해 받아들여져 180일 내에 비행 가능한 시제기 생산을 요구받게 되었다. 디자이너 클라렌스 〈켈리〉 존슨은 기술팀을 구성하여 로스앤젤레스의 버뱅크에 있는 창고에서 작업을 시작하였다. 이것이 바로 유명한 〈스컹크 웍스(Skunk Works, 스컹크 작업)〉의 시작이며, 이를 통해 수 년 동안 많은 성공적인 전투기와 정찰기를 개발하게 되었다.

시제기와 개발

　〈루루 벨(Lulu Belle)〉이라는 명칭의 암녹색 XP-80 시제기는 사업 승인이 난 지 단 143일 만인 1944년 1월, 머록 드라이 레이크(추후 에드워드 공군기지가 됨)에서 날아올랐다. 이후에 나온 P-80이나 F-80과 달리 XP-80은 외형이 상당히 달랐는데, 초기의 시험비행 이후이긴 하지만 주날개와 꼬리날개의 윙팁이 안정성 향상을 위해 둥글게 변하였다. XP-80은 할포드(Halford) 사의 H.1B엔진으로 추진되었으며, 이는 영국의 호의적인 제스처로 제공된 것이었다. 이후에 생산된 항공기는 제너럴 일렉트릭의 I-40을 사용하였으며, 이 엔진은 휘틀 엔진을 라이센스 생산한 것으로 나중에 GE사와 앨리슨 사가 대량생산하게 된 J33이기도 하였다. 1944년 후반 4대의 YP-80A 개발항공기가 유럽으로 보내졌고, 2대는 이탈리아로 넘어가서 전쟁이 끝나기 전까지 몇 번의 임무에 투입되긴 했지만 적과 마주친 적은 없었다.

P-80A는 최초의 대량생산 버전이었다. 무장능력은 0.5인치 기총 4문과 폭탄 2발을 달 수 있는 정도여서 미군 대부분의 피스톤엔진 전투기들보다 무장능력이 떨어졌다. P-80B는 미국 항공기로는 최초로 사출좌석을 장착하였고 일부 성능이 향상되었다. 1948년 6월 미공군은 추적을 의미하던 P(Pursuit)에서 전투기를 의

P-80 항공기의 큰 사격조준기로 인해 조종사 시야가 좁아져 공중전에는 부적합하였다.

미하는 F(Fighter)로 명칭 체계를 변경했다. P-80C는 더 커지고 강력해졌으며 한국전이 발발했을 당시 아시아에서 미국의 주요 제트 항공기였다. 1950년 7월 공중전에서 F-80은 북한의 프로펠러 항공기인 Il-10을 여러 대 파괴하였으며, 11월 소련의 MiG-15가 출현하여 전세가 역전되기 전까지는 공중우세를 달성하는데 일조하였다. 한국에서 러셀 브라운 중위의 F-80 전투기가 처음으로 MiG-15를 격추시켰으나, 대체로 지상공격용이었던 슈팅스타보다는 MiG기가 더 우세하였다.

복좌형 항공기로의 전환

A-4는 1980년대에서부터 1990년대까지 수행된 여러 업그레이드 프로그램을 통해 수명을 연장하였으며, 공대공 능력도 향상시켰다. 디지털 전자기기의 발전으로 인해 작은 스카이호크의 기수에 다기능 레이더를 장착하였으며, 록히드마틴의 F-16과 같은 전투기에 사용되는 디스플레이 화면과 조종장치를 조종석에 적용하였다. 뉴질랜드는 〈카후〉 프로젝트를 통하여 F-16A의 APG-66 레이더를 뉴질랜드 공군의

F-80은 1948년부터 1950년까지 미국 최초의 제트기 시범비행팀인 〈아크로젯〉에서 사용되었다. 이 항공기들은 모두 동체 밑에 에어브레이크를 장착하고 있다.

A-4K와 TA-4K기종에 도입시켰으며, 아르헨티나가 레이더를 ARG-1로 명명하듯이, 스카이호크는 A-4AR과 TA-4AR로 명명하였다. HUD와 연동되는 신형 레이더는 A-4가 AIM-9L와 같은 새로운 전방향 사이드와인더 미사일을 운용할 수 있도록 하였다. 이전에 쿠웨이트에서 사용되었던 브라질의 중고 스카이호크는 브라질 유일의 항공모함인 상파울로 호를 적 전투기로부터 방어하기 위하여 사용되고 있으나, 레이더를 장착하고 있지는 않다. 향후에 이탈리아의 셀렉스 레이더가 장착되는 업그레이드 작업이 이루어질 것이다.

De Havilland Vampire and Venom

뱀파이어와 베놈 (드 하빌란드 사)

영국공군의 두 번째 제트전투기인 뱀파이어(Vampire)는
제2차 세계대전에서 활약하지는 않았지만 항공분야에서 몇 가지 획기적인 업적을
남겼다. 베놈(Venom)은 뱀파이어를 대체하기 위해 뱀파이어를 개량한 것이었다.

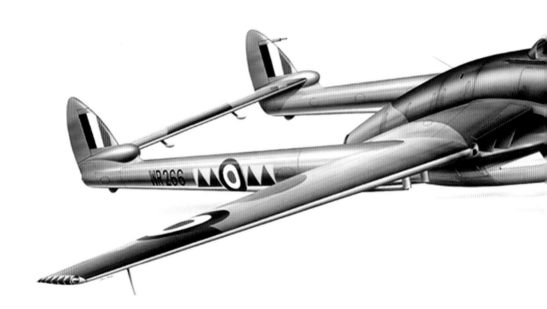

뱀파이어 F MK III 제원

크기
길이: 30ft 9 in (9.37m)
높이: 8ft 10 in (2.69m)
날개 너비: 40ft (12.19m)
날개 면적: 266ft^2 (24.71㎡)
날개하중: 39.4lbs/ft^2 (192kg/㎡)

추력장치
드 하빌란드 고블린 2 원심형 터보제트엔진 1개 /
   3,100 lb st (14kN) 추력

중량
자체중량: 7,134lbs (3236kg)
최대이륙중량: 12,170lbs (5520kg)

연료
내부연료: 636 US gal (2409ℓ)
외부연료: 240 US gal (909ℓ) 외부연료탱크

성능
최대속도: ·해면고도: 531mph (855km/h)
· 17,500ft (5334m): 525mph (845km/h)
               · 30,000ft (9144m): 505mph (813km/h)
               상승률: ·해면고도: 4,375ft (1334m)/분
               · 20,000ft (6096m): 2,500ft (762m)/분
               · 40,000ft (12192m): 990ft (302m)/분
상승고도: 43,500ft (13259m)
이륙활주거리: 3,540ft (1079m) /
최대중량으로 50ft (15.24m) 고도까지 상승시
착륙활주거리: 3,300ft (1006m) / 50ft (15.24m) 고도에서 착륙시

운용거리 및 체공시간
운용거리: ·해면고도: 3590마일(949km) /
   50mph (463km/h) 속도로.
· 30,000ft (9144m): 1,145마일(1843km) /
   350mph (463km/h) 속도로
체공시간: ·해면고도: 220mph (354km/h) 속도로 2시간
· 30,000ft (9144m): 220mph (354km/h) 속도로 2시간 35분

무장
20mm 히스파노 기총 4문(기총당 150발, 총 600발)

"영국공군이 사용한
단좌형 뱀파이어는
사출좌석이 없는
몇 안되는
제트전투기였다."

뱀파이어의 최초 양산형은 F.1이었다. 사진의 뱀파이어는 날개 하단에 2개의 연료탱크를 장착하고 있다.

- 뱀파이어의 동체는 직물 커버로 덮여진 목재로 생산되었으나, 주날개와 꼬리날개 부분은 거의 알루미늄이었다.
- 1948년, 뱀파이어는 제트기로서는 최초로 대서양을 횡단하였다.
- 또한 뱀파이어는 최초로 항공모함에서 이착륙을 한 제트기였다.

드 하빌란드 사 베놈 FB MK 4

베놈은 수많은 개선이 이루어진 뱀파이어의 개량형이었다. 눈에 띄는 특징은 후퇴익과 윙팁의 보조연료탱크였다. 영국공군의 뱀파이어나 Mk 1 베놈과 달리 위 그림의 FB 4 모델은 사출좌석을 갖추고 있다. 해당 FB 4는 1956년 10월 수에즈 전투 기간 동안 식별이 용이하도록 모든 영국과 프랑스 전술항공기에 적용되었던 〈수에즈〉 줄무늬가 그려져 있으며, 당시에 베놈은 키프로스에서 요르단까지 비행하였다. 이 베놈은 공기흡입구 아래에 있는 레일에 8개의 로켓을 장착하였다. 1957년에 베놈 WR410은 옥스퍼드 주의 벤슨 영국공군기지의 제6비행대대로 배치되었다. 이 항공기는 1960년에 케냐의 이스트레이(나이로비) 영국공군기지에서 퇴역하였다.

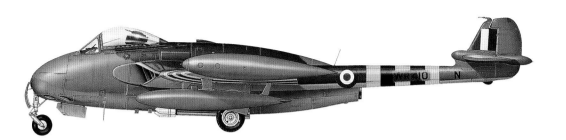

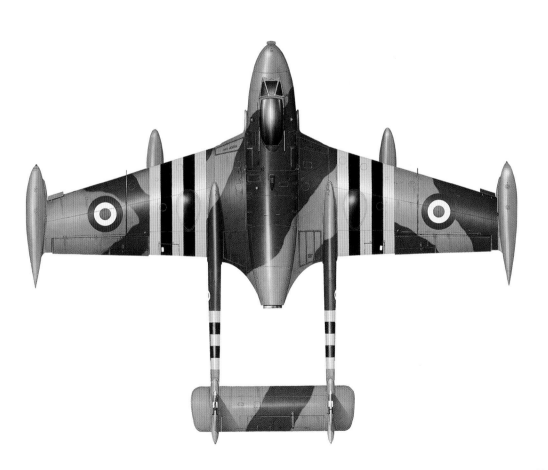

DH 100: 3대의 시제기

Mk I: 영국공군의 단좌형전투기

Mk II: 롤스로이스 닌(Nene) 터보제트 엔진을 장착한 3대의 시제기

F 3: 영국공군의 단좌형 전투기

Mk IV: 닌(Nene) 엔진 장착 프로젝트(생산 안됨)

FB 5: 단좌형 전폭기

FB 6: 단좌형 전폭기. 고블린(Goblin) 3 터보제트 엔진 장착

Mk 8: Mk I에서 변형된 기종으로 고스트(Ghost) 엔진 장착

FB 9: Mk 5에 냉방장치를 설치한 열대지방용 전폭기

Mk 10 또는 DH 113 뱀파이어: 고블린 엔진이 장착된 복좌형 시제기

NF 10: 영국공군의 복좌형 야간임무용 전투기

시 뱀파이어 Mk 10: 항모갑판(Deck) 시험용 시제기

Mk 11 또는 DH 115 뱀파이어 훈련기: 자가용 항공기, 복좌형 훈련기용 시제기

T 11: 영국공군의 복좌형 훈련기

시 뱀파이어 F 20: FB 5의 해군용

시 뱀파이어 Mk 21: 시험을 위해 변형된 3대의 항공기

시 뱀파이어 T 22: 영국해군용 복좌형 훈련기

FB 25: B 5 버전

F 30: 호주공군의 단좌형 전폭기

FB 31: 닌(Nene) 엔진 장착형

F 32: 냉방장치가 장착된 호주군의 버전

T 33: 복좌형 훈련기. 고블린(Goblin) 터보제트 엔진 장착

T 345: 호주해군의 복좌형 훈련기

T 34A: 사출좌석이 장착된 뱀파이어 T 34

T 35: 변형된 복좌형 훈련기

T 35A: T33의 T35 외형으로의 변형

FB 50: 스웨덴으로 수출된 J 28B

FB 51: 프랑스로 수출된 시제기

FB 52: Mk 6의 수출용

FB 52A: 이탈리아 공군의 단좌형 전폭기

FB 53: 프랑스 공군의 단좌형 전폭기 Sud-E대대 SE 535 미스트랄

NF 54: 이탈리아 공군의 뱀파이어 NF 10 수출용

T 55: DH 115 훈련기의 수출용

글로스터 사가 쌍발 엔진을 탑재한 미티어를 개발하는 동안 드 하빌란드 사는 이와는 매우 다른 할포드(Halford) H1 원심형 엔진을 기반으로 하는 단발 엔진의 전투기를 설계하고 있었다. 이는 프랭크 위틀의 또 다른 설계였는데 미티어의 축류형 엔진과 달리, 커다란 추진팬이 넓은 직경의 연소실 내부에 설치되어 있는 항공기였다.

DH 100 시제기는 1943년 9월에 첫 비행을 실시하였으나 이후의 두 번째 항공기는 장착하기로 계획된 록히드 사의 XP-80 항공기 엔진이 초기 시험에서 손상되어 교체를 위해 미국으로 보내졌기 때문에 비행이 지연되었다. 그 시기

뱀파이어의 계기판 배치는 중앙에 6개의 기본적인 계기비행용 계기판을 포함하여 대부분의 전시 영국 전투기의 계기판 배치와 다르지 않았다.

에 이 항공기의 코드명은 〈스파이더 크랩(Spider Crab)〉이었으나 1944년 5월에 공식적으로 〈뱀파이어〉가 되었다. H1 엔진은 드 하빌란드 사의 고블린이었다.

이 항공기의 조종사와 엔진, 무장은 모두 날개가 부착된 중앙 동체에 위치하고 있었으며, 꼬리날개와 엘리베이터(승강타)가 연결되어 있는 꼬리부분이 중앙 동체와 연결되어 있었다. 조종석 아래에는 모스키토(Mosquito) 전폭기와 같은 형태의 20㎜ 히스파노(Hispano) 기총 4문이 장착되어 있었다. 같은 설계팀이 두 항공기를 개발하였기 때문에 기체가 나무로 만들어진 것 등 비슷한 점이 많았다. 뱀파이어의 앞바퀴와 고정다리는 모스키토의 꼬리바퀴와 동일하였으며 복좌의 T11 캐노피도 모스키토의 것과 동일하였다.

영국공군이 사용한 단좌형 뱀파이어는 사출좌석이 없는 몇 안 되는 제트전투기였다. 나중에 수출 전투기와 복좌는 마틴 베이커(Martin Baker)의 MK 3 사출좌석을 장착하였다.

FB 5는 영국공군의 전형적인 뱀파이어 기종이었다. 20㎜ 히스파노 기총 4문을 탑재할 수 있는 포트를 확인할 수 있다.

작전 운용한 비행대대

　미티어가 임무 투입의 우선권을 갖게 됨에 따라 제2차 세계대전이 끝나기 전까지는 뱀파이어를 작전 운용하는 비행대대가 없었다. 최초의 뱀파이어인 F1은 1946년 3월 이후부터 영국공군 비행대대에서 요격용으로 운용되었다. 롤스로이스 닌(Nene) 엔진을 갖춘 F2는 호주와 프랑스에서 라이센스 생산되었다. F3은 내부연료 탑재량이 많아졌으며 보조 연료탱크를 장착할 수 있었다.

　전형적인 단좌형 항공기인 FB 5는 동체 아래쪽에 장갑판이 장착되어 있었고 로켓 및 폭탄을 위한 파일론이 있어 전폭기로 사용되었다. 영국공군에 대량 공급 되었으며 (1200대 이상) FB 6(스위스), FB 51(프랑스), FB 52(인도 및 기타)와 같은 수많은 수출형 모델의 기본형이 되었다. FB 9는 열대지역에서 사용할 수 있도록 냉방장치가 장착되어 있었으며, 로디지아(지금의 짐바브웨) 역시 사용하긴 했지만 주로 영국공군이 사용하였다.

　뱀파이어는 공대공 전투에 거의 참여하지 않았다. 민첩하고 기분 좋게 비행할 수 있었지만 미코얀 구레비치의 MiG-15와 다른 후퇴익 제트기들에 의해 빠르게 내밀려졌다. 이스라엘의 미스티어 전투기는 1956년에 시나이 반도 상공에서 이집트의 수

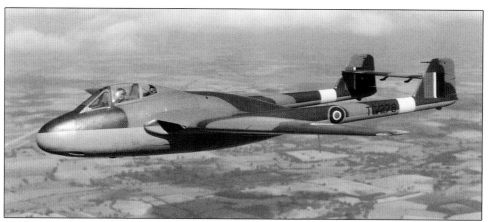

사진에서 보는 바와 같이 F 1과 FB 5의 가장 큰 차이점은 수직꼬리날개의 모양이다.

많은 뱀파이어를 격추하였다. 영국공군은 아덴과 케냐에서의 분쟁시에 반란군을 상대로 뱀파이어를 사용하였다. 로켓 무장은 특히 지상공격용으로 효과적이라는 것이 증명되었다.

복좌형 훈련기

복좌형 훈련기인 T11은 1950년에 처음으로 비행하였다. 영국공군이 사용하였고 인도 및 이탈리아에도 판매된 이 훈련기는 병렬식 복좌형이어서 기수가 넓었으며, 넓은 기수 탓에 NF 10 야간임무용 전투기에 공중요격 레이더를 장착할 수 있었다. 무장은 기총 4대였다. T11과 여기서 파생된 기종들은 대부분 수출되어 훈련기로 사용되었다.

1960년대에 뱀파이어는 영국공군의 일선에서 밀려났지만, 1980년대까지 스위스와 같은 수출국에서 운용되었다. 대부분의 경우 해당 항공기는 뱀파이어에서 발전된 더 크고 강력한 DH 112 베놈으로 교체되었다. 후퇴각이 있고 더 얇아진 날개와 더 강력한 엔진을 갖춘 베놈은 뱀파이어보다 시속 160km 더 빨랐다.

Grumman F9F Panther and Cougar

F9F 팬서와 쿠거 (그루먼 사)

제2차 세계대전 당시의 위대했던 그루먼 〈고양이들〉의 계승자인 F9F 팬서(Panther)는
단순하지만 강인한 전폭기였다. 팬서는 미코얀 구레비치 사의 MiG-15와
노스 아메리칸 사의 F-86 세이버와 비교해 성능이 뒤떨어졌으나
후퇴익이 적용된 F9F-8 쿠거(Cougar)로 바뀌면서 보완되었다.

F9F-2 팬서 제원

크기
길이: 37ft 5⅜ in (11.41m)
높이: 11ft 4 in (3.45m)
날개 너비: 38ft (11.58m) / 접었을 시: 23ft 5in (7.14m)
날개 면적: 250ft² (23.23m²)

추력장치
P&W사의 J42-P-4, P-6 또는 P-8 터보제트 엔진 1개
· 일반: 5,000파운드(22.24kN),
　물분사 추력: 5,750파운드(25.58kN)

중량
자체중량: 9,303파운드(4,220kg)
탑재중량: 16,450파운드(7,462kg)
최대이륙중량: 19,494파운드(8842kg)

성능
최대속도(해면고도): 575mph (925km/h)
순항속도: 487mph (784km/h)
상승률: 6,000ft (1,829m)/분
상승고도: 44,600ft (13,594m)
항속거리: 1,353마일(2,177km)

무장
20mm 기총 4문(기총당 190발) 장착함.
대부분의 F9F-2는 나중에 개선되어 날개 아래쪽에
4개의 장착대가 장착되었음. 안쪽 2개의 장착대에는
1,000lbs (454kg) 폭탄이나 150 US gal (568ℓ)의
보조연료탱크를 장착하였으며,
바깥쪽에는 250lbs (114kg) 폭탄이나
5 in (127mm) 초고속로켓(HVAR)을 장착할 수 있었음.
총 외부탑재중량은 3,000lbs (1361kg)였음.

"팬서는 다른 그루먼 사의
항공기처럼 부드럽게
비행하는 항공기이면서
강인하였다."
– 리처드 브래드베리(Richard Bradberry),
한국전에 참전한 F9F 팬서 조종사 –

4대의 복좌형 쿠거 편대가
팬서의 직선익을 교체한 후퇴익과
꼬리날개의 모습을 드러내고 있다.

● 1950년 11월, F9F 팬서는 최초로 공중전에서 승리한 함재기였다.
● 팬서는 미해군, 미해병대와 아르헨티나 해군에서 사용되었다.
● 복좌형 쿠거는 미해군에서 1974년까지 고등비행훈련기로 사용되었다.

그루먼 사 F9F-2B 팬서

F9F-2B 팬서는 미해군이 한국전에서 사용하다가 지상공격으로 파손되었다. 이후
정비를 마치고 미해군 VMF-311 대대로 배치되었으며, 거기에서 독특한 〈팬서의 머리〉
마크가 그려졌다. 에어브레이크가 열려져 있고 꼬리부분에 후크가 장착된 것을 볼 수 있다.
1958년에 아르헨티나 해군의 제1공격 대대에서 공대지 전투기로 사용되었고, 1971년
퇴역하는 마지막까지 비행한 팬서 중 한 대이다. 최종적으로 이 팬서는 〈Aero Club Bahia
Blanca〉에 기부되었고, 현재는 국립항공박물관 전시를 위해 복원을 기다리고 있다.

그루먼 사 F9F 팬서 - 파생형

XF9F-2: 최초로 생산된 2대의 시제기

XF9F-3: 3번째 시제기

F9F-2: 최초의 양산형, J42 엔진 장착.

F9F-2B: 폭탄과 로켓 장착을 위한 장착대가 달린 버전.
 이후에 모든 F9F-2가 동일하게 변경됨에 따라 명칭에서 B가 삭제되었음

F9F-2P: 비무장 사진촬영용 정찰기. 한국전에서 사용됨.

F9F-3: J42 엔진 실패에 대비한 보험 성격의 J33 엔진이 탑재됨. 나중에 J42 엔진으로 모두 교체됨.

XF9F-4: F9F-4 개발과정에서 사용된 시제기

F9F-4: 동체 길이 및 연료탑재량이 늘어난 버전으로, J33 엔진을 탑재하였으나 이후 대부분 J42 엔진으로 교체됨.
 F9F-4는 엔진의 압축기와 연소실에서 나오는 공기를 이용하여 슬롯 플랩을 작동시킨 최초의 항공기임.
 이를 통해 이륙시 실속속도가 9kts (17km/h) 감소하였으며, 착륙시에는 7kts (13km/h) 감소하였음.

F9F-5: F9F-4의 버전이나 P&W사의 J48 엔진을 장착함.

F9F-5P: 기수가 길어진 비무장 사진촬영용 정찰기

F9F-5K: F9F 팬서가 퇴역한 후 수많은 F9F-5가 표적용 무인기로 전환되었음.

F9F-5KD: F9F-5K 무인기에 대한 통제기. 1962년에 DF-9E로 명칭이 변경됨

한국 연안 밖에서 테스크포스 77 소속 함정들 위로 VF-71 비행대대 소속의 F9F-2 팬서가 비행 중이다.
이 항공기의 모기지는 본 옴 리처드(Bon Homme Richard) 항공모함이었다.

낮은 착륙속도로 인해 초기 함재기들은 직선익을 더 선호하였다. 그 결과로 그루먼의 팬서와 호커의 시호크 같은 항공기는 후퇴익을 가진 미코얀 구레비치의 MiG기와 노스 아메리칸의 세이버보다 공중전 능력이 떨어졌다.

그루먼 사의 첫 제트전투기인 팬서의 기원은 1945년에 제안된 엔진이 4개인 복좌형 야간 전투기인 XF9F-1 항공기였다. 이 제안은 1947년에 취소되었고 1947년 12월에 단좌에 단발 엔진의 전투기인 XF9F-2로 대체되었다.

이 시제기를 위해 Pratt & Whitney사의 J42 포함한 영국 롤스로이스 닌(Nene) 등 다양한 엔진들이 제안되거나 적용되었지만, 양산형인 F9F은 롤스로이스의 Tay 엔진에서 파생한 P&W사의 J42 엔진을 사용하게 되었다. 윙팁에 장착된 2개의 120갤런(445ℓ) 연료탱크 덕분에 운용거리도 향상되었다.

팬서의 기본무장은 기수에 장착된 4문의 20㎜ 기총이었지만, 날개 아래 파일론에 폭탄이나 로켓도 장착할 수 있었다. 커다란 유선형 캐노피로 인해 공중에서의 시야가 양호하였으며, 항공모함에서 자주 이착륙하기 때문에 해상에 항공기가 추락할 경우 조종사가 쉽게 빠져나올 수 있도록 캐노피가 슬라이드 방식으로 개폐되었다. 팬서는 유연성 있는 고무갑판 위로 랜딩기어를 내리지 않은 채 착륙하는 실험도 실시하였는데 이는 랜딩기어를 제거해 무게를 줄일 수 있을 거라는 생각으로 행한 시도였다.

기수에 장착된 4문의 기총은 항공기의 진행 방향과 다른 지점을 조준할 수 있는 〈오프 보어사이트(off boresight)〉 기능이 있었다.

한국에서 역할의 변경

팬서는 한국전(1950년~1953년)에서 가장 많이 사용된 함재기였다. 초기 전투에서 팬서는 피스톤 엔진의 Yak-9 전투기 몇 대를 격추하기도 하였지만 MiG-15 전투기로 인해 더 많은 손실을 입게 되어 대부분을 공대지 임무로 전환되었으며 이 조치는 효과적이었다. 미해병대의 비행대대 역시 한국의 지상기지에서 팬서를 운용하였다. 훗날 우주비행사가 된 닐 암스트롱도 한국전에서 미해군의 팬서를 조종하

기총 주위가 그을려 있고 에어브레이크가 열린 채 한국의 비행장에 주기되어 있는 제7항모전대의 팬서

였으며, 영화 〈도고리의 다리〉에서 팬서는 할리우드 스타 윌리엄 홀덴과 미키 루니와 함께 이 영화에 출연하기도 하였다.

짧은 운영기간을 뒤로하고 팬서는 1956년에 일선에서 퇴역하였으며, 2년 뒤에는 예비군 비행대대에서도 퇴역하였다. 1970년대 초기에 F9F-2 24대가 아르헨티나에 팔렸으며 아르헨티나 해군은 지상기지에 이를 운용하였다.

항공모함에서의 공간을 최소화하기 위해 접이식 날개는 필수였다.

쿠거의 등장

전투기로서의 경쟁력이 부족함을 확인한 팬서는 재빠르게 후퇴익을 적용하였다. F9F-6은 이전 기종들과 비슷한 점도 많이 있었지만, 기체가 더 길어지고 후퇴익을 적용하였으며 윙팁에 연료탱크를 장착하지 않았다. 이는 〈쿠거〉라는 새로운 이름이 부여될 만큼 완전히 다른 항공기였다. 1951년 말에 첫 비행을 실시하고 1년 후에 실전 배치되었지만 한국전이 끝날 때까지 한국전에 배치되지는 않았다. 후속 모델인 F9F-8 기종은 기체가 더욱 길어졌고 기수에 재급유 장치가 있었으며 4발의 AIM-9 공대공미사일을 장착할 수 있었다. F9F-8B는 핵폭탄을 탑재할 수도 있었다.

팬서가 복좌가 없었던 반면 쿠거는 복좌로 만들어져 F9F-8T 훈련기로 활용되었으며, 미해군 교육사령부에서 1974년까지 고등비행훈련기로 사용되었다. 베트남에서 미해병대는 몇 대의 복좌형 쿠거를 고속 전방항공통제기로 활용하였으며, 아르헨티나도 팬서 조종사들을 훈련시키기 위하여 2대의 복좌형 쿠거를 인수받았다.

North American F-86 Sabre

F-86 세이버 (노스아메리칸 사)

F-86세이버는 냉전 초기의 고전적인 제트전투기였다.
미공군의 최일선에서는 금방 밀려났지만,
전 세계에서 무수히 많은 버전들이 사용되었다.

F-86E 세이버 제원

크기
길이: 37ft (11.27m)
높이: 14ft (4.26m)
날개 너비: 37ft (11.27m)
날개 면적: 288ft² (26.75m²)²

추력장치
제너럴 일렉트릭 J47GE-13 터보제트 엔진 1개 /
  5,450lbs (24.24kN) 추력

중량
자체중량: 10,555lbs (4788kg)
탑재중량: 16,346lbs (7414kg)
최대이륙중량: 17,806lbs (8077kg)

연료
정상내부연료: 435 US gal (1646 ℓ)
최대내부연료: 675 US gal (2555 ℓ)

성능
3최대 수평비행 속도: 601mph (967km/h) /
  5,000ft (10,688m)에서

최대 수평비행 속도: 679mph (1093km/h) / 저고도에서
순항속도: 537mph (864km/h)
실속속도: 123mph (198km/h)
30,000ft (9144m)까지 상승: 6분 18초
상승고도: 47,200ft (14,387m)
운용거리: 848마일 (1365km)
최대운용거리: 1,022마일 (1645km)

무장
주 무장은 전방에 장착된 6문의 0.5 in (12.7mm)
콜트브라우닝 기총임 (총 1,800발). 날개 아래에
1,000파운드(454kg) 폭탄 2발 또는 0.5 in (12.7mm)
로켓 16발을 장착할 수 있음. 폭탄 대신 120갤런
보조연료탱크 2개를 장착할 수 있으며,
기타 다른 무장도 탑재 가능함.

"내 생각에는 F-86E는 조종성능 측면에서 내가 지금까지 비행해 본
최고의 전투기이다. 항공기의 안정성과 조종성 측면에서
훌륭한 기준을 제시한 항공기이다."
– 에릭 "Winkle" 브라운 대위, 영국공군 –

● 벨의 X-1 로켓비행체가 공식적으로 최초의 초음속 비행을 하기 전에 이미 XP-86이
  (강하 상태에서) 마하 1을 넘긴 기록이 있다.
● 미공군의 세이버 조종사들은 한국전에서 78대 항공기를 잃은 반면, 792대의 적기를 격추하였다.
● 한국전 당시 세이버는 기본적으로 노스 아메리칸 사의 P-51 머스탱과 동일한 무장을 장착하였다.

F-86E 세이버

1952년에 제51비행단 25전투요격대대 소속의 윌리엄 T 위스너 소령이 호출명 〈엘레노어
'E(에코)'〉의 F-86E를 한국의 수원기지에서 이륙하여 비행하고 있다.
위스너는 제2차 세계대전 중 유럽 상공에서 P-51을 조종하며 15½개의 승리를 거두었으며,
한국전에서 5½을 추가함으로서 총 21개의 승리를 거두었다. (여기 그림의 조종석 측면에는
9개 반만 표시되어 있다.) '절반' 격추의 의미는 두 명 이상의 조종사가 적기를 공격해
피해를 입히고 그 결과로 적기가 격추되었을 때 인정되는 것이다. F-86E는 F-86A의
개량 기종으로, 전체가 움직이는 수평꼬리날개와 앞전슬랫이 장착됨으로서 특별히 저고도에서
항공기의 기동성을 향상시켰다.

XF-86: 3대의 시제기, 최초에는 XP-86으로 명명됨. 노스 아메리칸 NA-140 모델.

YF-86A: 제너럴 일렉트릭 사의 J47 터보제트 엔진을 장착한 최초의 시제기.

F-86A: 노스 아메리칸 NA-151 및 NA-161 모델

DF-86A: F-86A를 무인기의 통제기로 전환한 모델

RF-86A: F-86A에 3대의 정찰용 카메라를 장착한 모델

F-86B: 더 넓어진 기체와 더 커진 타이어를 장착한 A 모델의 개량형, 그러나 노스 아메리칸 NA-152 모델인 F-86A-5가 인도됨.

F-86C: 최초에는 YF-93A로 명명됨. 노스 아메리칸 NA-157 모델

YF-86D: 최초에 YF-95A로 주문된 전천후 요격기의 시제기. 2대가 생산되었으나 YF-86D로 명칭이 변경됨. 노스 아메리칸 NA-164 모델

F-86D: 최초에 F-95A로 명명된 양산형 요격기

F-86E: 비행제어시스템과 꼬리날개가 개량된 모델. 노스 아메리칸 NA-170과 NA-172 모델.(기본적으로 F-86F 기체에 F-86E 엔진을 장착함)

F-86E(M): 나토 공군으로 전용된 영국공군의 세이버를 위한 새로운 명칭

QF-86E: 캐나다 공군의 잉여 Mk 세이버의 명칭. Vs는 표적용 무인기로 개조되었음.

F-86F: 개량된 엔진과 앞전 슬랫이 없는 넓어진 〈6-3〉 날개. 노스 아메리칸 NA-172 모델.

F-86F-2: 6문의 M3 0.5인치 기총 대신에 M39 기총을 장착하기 위해 개조한 항공기에 대한 명칭

QF-86F: 일본 항공자위대의 F-86F 기체가 미해군에 의해 표적용으로 개조된 무인기

RF-86F: F-86F-30 기체에 3대의 정찰용 카메라가 장착된 모델

TF-86F: F-86F를 복좌로 개조하고 동체 길이의 연장 및 날개에 슬랫을 장착한 훈련기. 노스 아메리칸 NA-204 모델.

YF-86H: 깊어진 동체와 높아진 엔진 회전율, 길어진 날개, 증가된 조종력의 꼬리날개를 가진 완전히 재설계된 전폭기. 2대가 생산된 노스 아메리칸 NA-187 모델.

F-86H: 저고도 폭격 시스템(LABS)이 장착되어 있고 핵무기 탑재가 가능한 양산형. 노스 아메리칸 NA-187 및 NA-203 모델.

QF-86H: 미국의 해군무기센터에서 표적용으로 사용한 29대 기체

F-86J: 오렌다(Orenda) 터보제트 엔진을 장착한 노스 아메리칸 NA-167 모델인 F-86A-5-NA

세이버의 조종석은 다소 어지러웠다. 조종간 위쪽의 커다란 계기판은 엔진 온도계이다.

두 개의 다른 제안 그리고 독일 과학자들의 연구를 통해 고전 제트전투기 중 하나인 F-86 세이버가 탄생하게 되었다. 1944년에 P-51 무스탕(Mustang)과 B-25 미첼(Mitchell)을 생산한 노스 아메리칸 에비에이션(North American Aviation)은 미해군을 위한 제트전투기 개발에 착수하였다. 직선익과 기수 앞에 공기흡입구를 장착한 형태의 이 항공기는 최종적으로 미해군 제트전투기의 기원인 FJ-1 퓨리(Fury)가 되었다. 미육군 항공대도 이 항공기에 관심을 갖게 되었고 비슷한 모델인 XP-86을 주문하게 되지만 개발이 완료되기 전 후퇴익 항공기의 높은 성능을 증명한 독일의 연구가 나오게 되었다. 이 연구 자료를 토대로 XP-86은 개선작업에 들어가게 되고, 1947년 10월에 35도로 꺾인 후퇴익과 꼬리날개를 가진 항공기가 첫 비행을 실시하였다.

F-86A는 1949년 3월에 미공군에 인도되었다. 그러나 1950년 7월에 전쟁이 발발했을 때 한국으로 즉각 전개되지는 않았다. 그해 11월에 미코얀 구레비치의 MiG-15가 출현해서야 세이버는 서둘러서 한국 내 비행기지로 전개되었으며, 곧 〈MiG 앨리(MiG Alley)〉로 불린 압록강 주변에서 MiG기와 교전하게 되었다. 날개에 슬랫이 없는 F-86E와 F-86F 폭격기는 전쟁이 끝날 무렵 미국과 남아프리카

F-86F는 결과적으로 주간 전투용 세이버였으며, 수평꼬리날개 전체가 함께 움직이고 날개에 슬랫이 없는 튼튼한 구조를 갖고 있었다. 조종석의 외부시야는 매우 우수했으며, 공기흡입구 전방 부근에 거리식별용 레이더가 장착되어 있었다.

의 비행대대에 인도되었으며, 미공군 세이버와 북한 공군의 공식적인 공중전 전적은 792승 78패였다.

증명된 세이버의 가치

MiG기와 세이버는 그 성능이 비슷했는데, MiG기는 상승률과 고고도에서의 성능 그리고 무장능력이 우세하였다. 반면 세이버는 좀 더 안정적인 기총과 저고도에서 더 우세한 성능을 가지고 있었다. 그러나 결정적인 것은 미국 조종사들이 북한이나 러시아, 중국 조종사들보다 숙련되어 있다는 사실이었다. 사실 세이버는 공중전에서의 승리뿐만 아니라 해외 판매와 생산 대수에서도 가장 성공적인 제트전투기였다.

미국을 제외한 22개의 사용자가 미국에서 생산된 F-86을 운용하였고 캐나다와 호주, 일본도 라이센스 생산을 하였다. 캐나다에서 생산된 세이버는 영국과 서독, 남

〈캐런의 카트(Karen's Kart)〉는 한국 수원 기지의 미공군 제51비행단에 배정된 F-86E이다. 기수 부근에 그려진 줄무늬는 비행단장의 항공기임을 의미한다.

아프리카를 포함한 여러 국가로 공급되었으며 몇 대는 미국에 되팔리기도 하였다. 15개국이 레이더가 탑재된 F-86D형, K형, L형 모델인 〈세이버 독(Sabre Dog)〉 버전을 운용하였다. 파키스탄과 대만의 세이버 역시 공중전에 등장하였다. 1958년에 대만의 F-86이 교전 중에 공대공 유도미사일을 최초로 사용하였는데, 중국과의 영토분쟁중인 섬의 상공에서 AIM-9으로 여러 대의 중공 MiG기를 격추하였다. F-86D 〈세이버 독〉은 방공사령부를 위해 개발되었으며, 돌출된 기수의 레이돔에 휴즈(Hughes) 레이더가 탑재되어 있었고, 기체 전방 아래에 있는 리트랙터블(기체 안쪽으로 들어가는) 트레이 안에 〈마이티 마우스(Mighty Mouse)〉 로켓을 장착하였다. 주로 수출용으로 개발된 F-86K는 30㎜ 기총을 장착하고 있었다. 공중타격을 위해 개발된 버전인 F-86H는 훨씬 더 깊숙한 동체 안에 핵무기를 위한 장비를 탑재하고 있었다.

세이버의 국산화

호주와 캐나다는 자국의 세이버 기종을 직접 개발하였다. 캐나다에서 생산한 세이버로는 Mk 3형과 Mk 5, Mk 6형 등이 있었으며, 이들은 캐나다에서 설계한 오렌다(Orenda) 엔진을 장착하고 있었다. 호주의 커먼웰스 에어크래프트 사(Commonwealth Aircraft Corporation, CAC)는 3가지 유형의 문양으로 〈에이번 세이버(Avon Sabre)〉를 100대 이상 생산하였다. 이 항공기는 롤스로이스 에어번 엔진을 장착하기 위해 기체가 더 깊어지고 공기흡입구도 넓어졌다. 이 항공기는 2개의 30㎜ 아덴(ADEN) 기총을 기본 무장으로 하고 있었다. MK 31과 32형은 AIM-9도 장착할 수 있었다. 몇몇 기종은 이후에 말레이시아와 인도네시아에도 보급되었다.

Lockheed F-94 Starfire
F-94 스타파이어 (록히드 사)

소련의 전략 폭격기에 대응하기 위해 급히 개발된 록히드 사의 F-94는
1950년대에 실전에서 활약한 거의 유일한 미군의 제트요격기이다.
그럼에도 불구하고 초음속 항공기가 곧이어 개발됨에 따라
스타파이어의 운용 기간은 짧았다.

크기
길이: 44ft 6 in (13.56m)
높이: 14ft 11 in (4.55m)
날개 너비: 37ft 4 in (11.38m)
날개 면적: 232.8ft^2 (21.628m^2)

추력장치
P&W J48-P-5, -5A, -7A 터보제트 엔진 1개 /
　후기연소시 8,750lbs (38.91kN) 추력

중량
자중: 12,708lbs (5764kg)
탑재중량: 18,300lbs (8301kg)
최대이륙중량: 24,184lbs (10,970kg)

성능
최대속도(해면고도): 640mph (1030km/h)
순항속도: 493mph (793km/h)
초기상승률: 7,980ft/m in (2432 m/분)
상승고도: 51,400ft (15,665m)
운용거리: 805마일 (1295km)
최대운용거리: 1,275마일 (2050km)

무장
기수 주변에 6발씩 4묶음으로 총 24발이 장착된
2.75 in (6.99cm) 날개접이식 항공기용 로켓(FFAR)과,
양 날개의 앞전에 장착된 포드에 12발의 FFAR 로켓
(100번째 이후 생산된 항공기부터)을 장착함.

F-94C는 양날개 안쪽으로 로켓장치가 있어서 조종석 앞에서 발사되는 것보다 더 많은
로켓을 발사할 수 있었다.

● F-94C만이 공식적으로 〈스타파이어〉라고 불렸다.
● F-94C는 오직 로켓 무장만 장착한 최초의 양산형 항공기였다.
● F-94B는 레이더의 도움으로 적 항공기를 육안으로 확인하기도 전에 파괴하는
  최초의 항공기였다.

록히드 사 F-94 스타파이어

날개 중간의 로켓 포드는 F-94가 공식적으로 유일하게 〈스타파이어〉로 명명된 C형 이라는
것을 보여주고 있다.(오늘날은 모든 F-94 기종이 〈스타파이어〉로 불림.) F-94C형 J48 엔진의 확대된
후기연소장치 부분은 한국전에 참여한 F-94A형 및 B형과 구별시켜 주는 특징이다.
이 F-94C형은 해밀턴 미공군기지 제84전투 요격기 대대에 배치되었으며, 1954년 애리조나
유마에서 열린 공중기총사격대회(Aerial Gunnery Meet)에 참여하였다. F-94C는 날개의 로켓
포드뿐만 아니라, APG-40 레이더의 레이돔 뒤쪽에 있는 라운처에 24발의
〈마이티 마우스(Mighty Mouse)〉 로켓을 장착하고 있었다.

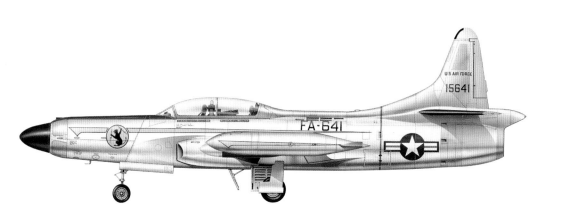

파생형

YF-94: TF-80C가 YF-94 시제기로 개조됨. 2대 생산.

F-94A: 초기 양산형 모델, 110대 생산.

YF-94B: F-94A를 개조하여 새로운 비행지시기와
유압시스템 및 확대된 윙팁의 연료탱크를 장착한 모델

F-94B: YF-94B에 기반한 양산형 모델

YF-94C: F-94B를 개조하여 Pratt & Whitney J48
엔진, 앞전의 로켓 포드 및 후퇴익의 꼬리날개를 장착한
모델. 최초에 YF-97A로 명명되었으며 2대가 개조됨.

F-94C: 기수가 길어지고 로켓 및 기총이 제거되었으며,
동체 하부의 JATO 로켓 장치가 가 있는 YF-94C의
양산형 모델. 최초에 F-97A.로 명명됨.

EF-94C: 제안된 정찰기를 위한 시험기.

YF-94D: F-94C에 기반한 단좌형 근접지원 전투기의
시제기. 1대가 일부 생산되었으나 프로그램 취소로
인해 생산이 중단됨

F-94D: YF-94D의 양산형 모델. 112대가
주문되었으나, 해당 모델이 취소되면서 한 대도
생산되지 않았음.

YF-97A: 최초에 YF-94C로 명명됨.

F-97A: 최초에 F-94C로 명명됨.

미 방공 부대

미공군 전투요격대대
2대대, 4대대, 5대대, 16대대, 27대대, 29대대, 46대대,
48대대, 57대대, 58대대, 59대대, 60대대, 61대대,
63대대, 64대대, 65대대, 66대대, 68대대, 74대대,
82대대, 84대대, 95대대, 96대대, 97대대, 317대대,
318대대.

미 주방위군 전투요격대대

101대대: 메사추세츠
102대대: 뉴욕
103대대: 펜실베니아
109대대: 미네소타
114대대: 뉴욕
116대대: 워싱턴
118대대: 코네티컷
121대대: 컬럼비아 특별구
123대대: 오리건
131대대: 메사추세츠
132대대: 메인
133대대: 뉴 햄프셔
134대대: 버몬트
136대대: 뉴욕
137대대: 뉴욕
138대대: 뉴욕
139대대: 뉴욕
142대대: 델라웨어
148대대: 펜실베니아 1
75대대: 사우스 다코타
178대대: 노스 다코타
179대대: 미네소타
186대대: 몬타나
190대대: 아이다호

F-94 조종사의 계기판에는 작은 레이더 스코프가 있었지만, 주요 레이더 장비는 후방석에 탑재되어 있었다.

1948년, 노스롭 사의 P-61 블랙 위도우(Black Widow)와 노스 아메리칸 사의 P-82 트윈 머스탱(Twin Mustang)과 같은 피스톤 엔진이 장착된 야간 전투기들은 순식간에 다른 항공기보다 성능이 뒤처지게 되어서, 미공군은 급하게 대체 항공기를 찾았다. 록히드 사는 T-33훈련기에 레이더를 장착한 항공기를 제안하였고, 이는 YF-94라는 모델로 주문되었다.

두 대의 YF-94 시제기 중 첫 번째 항공기는, 최종 6,500대 이상 생산되었던 T-33 훈련기의 시제기로 개조되기 전에 기본형인 P-80C 전투기를 위해 생산되었다. T-33의 시험비행이 끝나고 난 후, 이 기체는 F-94를 위한 비행역학 시험용으로 개조되었으며 이 항공기는 1949년 4월에 비행을 하였다. 개조 내용은 기수가 약간 위로 향하면서 길어졌고 앨리슨(Allsion) J333 엔진에 후기연소 장치가 추가됨에 따라 동체 후미 부분이 불룩해졌다. F-94A 양산형은 휴즈(Hughes) 레이더와 화력통제시스템 그리고 4개의 0.5인치(12.7㎜) 기총이 기수에 장착되어 있었다. 추가로 날개 아래에 4개의 기총 포드를 장착할 수 있었다.

F-94 기종 중 완성형이자 마지막 양산형인 F-94C 스타파이어이다. 날개와 기수에 48개의 로켓 장착이 가능하였고, 적에게 커다란 타격을 입힐 수 있었다.

방공사령부는 1949년 후반부터 F-94A를 인수받았으며, 곧이어서 악천후에도 착륙할 수 있는 장비와 윙팁에 커다란 연료탱크를 장착한 F-94B도 인수되었다.

한국으로의 전개

1951년, 한국 상공에 소련 미코얀 구레비치 사의 MiG-15가 출현하자 F-94도 신속히 전장으로 전개되었으나, 레이더 기술이 적들의 손에 들어가는 것을 방지하기 위해 북한지역 이북으로 비행하는 것이 금지되었다. F-94는 MiG-15로부터 B-29 폭격기를 엄호하는 대신에 〈베드첵 찰리(Bedcheck Charlie)〉라 불리는 북한의 폴리카포브(Polikarpov) Po-2 복엽기의 골치 아픈 공습에 대응하기 위해 비상대기하였다. 1953년에 금지사항이 해제되고 나서야 라보츠킨(Lavochkin) La-9 전투기를 상대로 첫

F-94A는 날개의 포드에 추가로 기총을 운용할 수 있었지만,
기본 무장은 기수에 있는 4문의 기총이었다.

승리를 거둘 수 있었다. 이후 몇 달 동안 MiG-15 한 대와 Po-2 여러 대를 격추하였으나, F-94의 마지막 승리는 저속으로 비행하는 Po-2와 충돌하면서 일어났다.

스타파이어의 능력

한국전이 지속되는 동안, 방공사령부는 록히드 사의 〈슈팅스타〉, 〈컨스텔레이션〉, 〈넵툰〉 등의 항공기들처럼 천문학과 관련된 이름의 연장선상에서 〈스타파이어〉로 공식 명명된 F-94C를 인수받았다. F-94C는 롤스로이스의 테이(Tay) 엔진에서 발전된, 후기연소 기능이 있는 Pratt & Whitney의 J48 엔진을 장착하기 위해 기체 후미가 개조되었으며, 수평꼬리날개에는 후퇴각이 있었고 수직꼬리날개도 더 높아졌다. 가장 커다란 변화는 무장을 기총 대신에 비유도 로켓을 탑재하는 것이었다. F-94C는 기수에 24발의 로켓을, 날개의 포드에는 각각 12발씩 장착할 수 있었다. 레이더 근처의 개폐식 도어는 로켓 발사를 위해 열렸으며, 이 로켓은 적 폭격기에 막대한 피해를 안겨주었다.

짧은 운용 기간

스타파이어는 맥도널 사의 F-101과 컨베어 사의 F-102 등과 같은 초음속 요격기들의 등장으로 인해 1953년부터 1959년까지만 운용되었다. 이 기간 동안 스타파이어는 성능 면에서 매년 증가하는 소련 폭격기들의 잠재적 공격으로부터 미국의 북방을 지켜내는데 기여하였다.

Mikoyan-Gurevich MiG-17 "Fresco"

MiG-17 프레스코 (미코얀 구레비치 사)

미코얀 구레비치 사의 두 번째 MiG 제트기는 첫 번째 항공기와 비교해서
성능 면에서 크게 나아지지 않았지만, 그럼에도 불구하고
미국이 베트남전에서 많은 비용을 지불하게 만들었고, 1960년대 이후부터는
중동과 아프리카의 많은 분쟁에도 참여한 바 있다.

MiG-17F 프레스코-C 제원

크기
날개 너비: 31ft 7 in (9.628m)
날개 면적: 243.27ft² (22.60㎡)
길이: 36ft 11¹/₂ in (11.264m)
높이: 12ft 5¹/₂ in (3.80m)
휠트랙: 12ft 7¹/₂ in (3.849m)
휠베이스: 11ft ¹/₂ in (3.368m)

추력장치
Klimov VK-1F 터보제트 엔진 1개
· 일반: 5,732lb st (29.50kN),
  후기연소: 7,451lb st (33.14kN)

중량
자중: 8,664lbs (3930kg)
최대이륙중량: 13,380lbs (6069kg)

연료 및 탑재무장
내부연료: 2,579lbs (1170kg)
외부연료: 106 또는 63 US gal (400ℓ, 240ℓ)
외부연료탱크 2개에 1,444lbs (655kg) 연료 탑재
최대 무장: 1,102lbs (500kg)

성능
한계 음속: 마하 1.03
최대 수평비행 속도: 594kts (684mph, 1100km/h)
· 고도 9,845ft (3000m), [clean] 외장시
최대 수평비행 속도: 578kts (666mph; 1071km/h)
· 고도 32,810ft (10,000m), [clean] 외장에서
외부연료탱크 장착시 제한속도: 486kts (559mph; 900km/h)
외부연료탱크 장착시 항속거리: 1,091nm (1,255마일; 2020km)
작전행동반경: 378nm (435마일; 700km)
· 551lbs (250kg) 폭탄 2발 및 외부연료탱크 2개 탑재
  Hi-Lo-Hi 공대지 임무시
최대상승률(해면고도): 12,795ft (3900m)/분
상승고도
· 일반: 49,215ft (15000m), 후기연소: 54,460ft (16600m)
이륙활주거리: 1,936ft (590m) / 정상이륙중량시
착륙활주거리: 2,789ft (850m) / 정상착륙중량시

"F-4가 공중전에서
아무리 뛰어난
항공기라 하더라도,
제2차 세계대전 당시의
근접교전(dog-fighting)
방식으로 싸운다면
MiG-17의 상대가
되지 못한다."

– 로빈 올드스 대령,
베트남전 미공군 비행단장

1957년에 폴란드에서 생산되고 1994년에 빌 리즈만(Bill Reesman)에 의해 복원된
MiG-17의 모습이다. 이 항공기는 폴란드가 소비에트 블록의 일부였던, 냉전이 최고조였던
당시에 25년 동안 폴란드 공군에서 운용되었다.

- MiG-17은 MiG-15보다 살짝 길지만 날개 너비는 더 짧다.
- 대부분의 MiG-17은 폴란드와 체코슬로바키아, 중국 등 소련 외부에서 생산되었다.
- MiG-17은 레이더를 장착한 러시아 최초의 단좌형 전투기였다.

미코얀 구레비치 사 MiG-17F 프레스코

1950년대 후반에 인도네시아는 상당한 양의 소련 무기를 획득하는 재무장 프로그램을
추진하면서, 소련MiG-17F 〈프레스코-C〉를 30대 정도 구매하였고, 추가적으로 중국
공산당으로부터 센양(Shenyang) F-6(MiG-19 파머(Farmer)의 중국 생산 버전)도 12대 구매하였다.
해당 MiG-17F 항공기는 한때 곡예비행팀을 운영하기도 한 인도네시아 공군 제11대대
소속이었다. 1962부터 1964년까지 인도네시아는 보르네오에서 영국 및 그 동맹국들과
대치하는 동안, 자카르타 방어를 위해 MiG-17과 MiG-21을 숨겨두었다. 이로 인해
영국공군 전투기인 글로스터 사의 제블린과 잉글리시 일렉트릭 사의 라이트닝은
Tu-16 폭격기와 C-130 수송기 그리고 다른 TNI-AU 항공기들은 요격할 수 있었지만
MiG기들과는 교전하는 일이 없었다.

MiG-17F – 파생형과 운용 국가

파생형

I-300: 시제기

MiG-17(《Fresco-A》): VK-1 엔진을 탑재한
  기본 전투기형(개발명: 〈SI〉).

MiG-17A: 수명이 연장된 VK-1 엔진을 탑재한 전투기형

MiG-17AS: 비유도형 로켓 및 K-13 공대공미사일을
  장착한 다목적기

MiG-17P(《Fresco-B》): Izmrud 레이더를 탑재한
  전천후 전투기(개발명: 〈SP〉).

MiG-17F(《Fresco-C》): 후기연소기가 있는 VK-1
  엔진을 탑재한 기본 전투기(개발명: 〈SF〉).

MiG-17PF(《Fresco-D》): Izmrud 레이더 및 VK-1F
  엔진을 탑재한 전천후 전투기(개발명: 〈SP-7F〉).

MiG-17PM/PFU(《Fresco-E》): 레이더와
  K-5(NATO: AA-1 〈Alkali〉) 공대공미사일을
  장착한 전투기(개발명: 〈SP-9〉).

MiG-17R: VK-1F 엔진과 카메라를 장착한 정찰기
  (개발명: 〈SR-2s〉).

MiG-17SN: 공기흡입구가 동체 옆에 2개 있고 중앙
  공기흡입구는 없으며, 지상 공격용 기총 장착을 위해
  기수가 재설계된 시험용으로 미생산됨.

센양 J-5: 원격조종용 표적으로 전환된 몇 대의 도태
  항공기

운용 국가

공군

아프가니스탄	알바니아
알제리	앙골라
방글라데시	불가리아
부르키나 파소	캄보디아
중국	콩고
쿠바	체코슬로바키아
동독	이집트
에티오피아	기니
기니비사우	인도네시아
이라크	헝가리
리비아	마다가스카르
말리	몽고
모로코	모잠비크
나이지리아	북한
파키스탄	폴란드
루마니아	소말리아
소말릴랜드	소련
스리랑카	수단
시리아	탄자니아
우간다	베트남
예멘	짐바브웨

해군

중국	소련

방공부대

소련

항공기가 스핀(조종 불능 상태의 나선강하)에 빠질 경우, MiG-17 조종사는 계기판 중앙 부분에 달려 있는 하얀 줄을 조종간과 일직선으로 맞추는 조작을 통해 회복시킬 수 있었다.

MiG-15가 실전에 투입되기도 전에 개선된 후속 설계가 개발되고 있었다. MiG-17 시제기는 SI-1 이라는 명칭으로 1950년 1월에 첫 비행을 실시하였으며, 비록 초기 시험비행에서 추락하였지만, 1951년 9월에 생산이 시작되었다.

MiG-17의 옆모습을 보면 이전 기종이랑 형태가 비슷하지만 수직꼬리날개가 커지고 에어브레이크의 모양이 바뀌었으며 동체 아래쪽에 벤트랄 핀(ventral fin, 물고기의 배지느러미)을 가지고 있었다. 평면상에서는 그 차이가 더 확연해졌다. 가끔씩 〈언월도(偃月刀, 초승달 모양으로 둥그렇게 휘어진 칼)〉 모양으로 묘사되기도 하였던 완전히 새로운 날개가 장착되었다. 날개 안쪽 부분의 후퇴각은 49도, 바깥 부분의 후퇴각은 45.5도였으며, 3개의 윙 펜스(wing fence)가 눈에 띄게 장착되어 있었다.

테마의 변화

노스 아메리칸사의 F-86 세이버에서 공중요격용 레이더와 후기연소기를 장착한

F-86D가 파생되어 나왔듯이, MiG-17로부터 기수에 레이더가 장착된 MiG-17PF가 파생되어 나왔다. Izumrud RP-1 레이더는 공기흡입구 앞쪽 상단부분에 있는 탐색레이더와, 공기흡입구의 안쪽 부분의 무장 조준을 위한 화력통제장치 등 두 부분으로 구분되었다. 이 레이더는 제한적이나마 야간 및 악천후 작전 능력을 제공하였으나, 지상레이더 및 지상운영요원과 협력하여 사용해야만 표적 근처로 갈 수 있었다. 〈프레스코-D〉로 명칭된 MiG-17PF는 3개의 23㎜ 기총을 장착하고 있었다. 추후 MiG-21PFU는 기총을 제거하였고, 레이더 유도 방식의 AA-1 〈알카리(Alkali)〉 공대공미사일을 최대 4발까지 탑재하였다.

폴란드 등 바르샤바 협정을 맺은 국가들이 MiG-15와 더불어 MiG-17도 생산하고 중국으로 수출되었다. 초기에는 중국은 라이센스로 대량생산을 하였으나, 1960년

이집트는 수 년 동안 500대 가량의 MiG-17을 운용하였다. 사진에는 이집트 공군이 1958년까지 사용한 작은 동그란 원이 기체에 그려져 있다. 1967년, 6일 전쟁 동안 이스라엘 공군의 공격으로 많은 〈프레스코〉가 지상에서 파괴되었다.

에 중·소 관계가 악화되면서 소련의 인가 없이도 생산하였다. 중국 청도에서 생산된 MiG-17은 J-5(MiG-17F)와 J-5A(MiG-17PF) 그리고 복좌의 JJ-5로 각각 명명되었다. 1950년부터 중국의 J-5는 대만해협에서 충돌에서 대만 항공기들과 수많은 공중전을 실시하였다.

근접 교전에서의 강점

그러나 MiG-17은 베트남전에서 가장 많이 활용되었다. 비록 정교하지 못하고 기총 무장만 갖췄지만, 교전규칙에 의해 적을 육안 식별하기 전까지 장거리 미사일을 발사할 수 없었던 미공군과 미해군 항공기보다도 북베트남의 프레스코는 자주 우위에 있었다. MiG기는 자신들이 우수한 선회 이점을 이용할 수 있는 근접교전투로 미군 항공기들을 유인하였다. 최종적으로는 미군이 우세할 지라도, 베트남전에서의 최고 에이스는 MiG기 조종사 응우옌 반 베이로, 북베트남 공군 MiG-17F 조종사인 그는 7대의 적기를 격추하였고 유례없는 폭탄 공격으로 미해군 순양함인 오클라호마시티호에도 피해를 입혔다.

MiG-17과 중국 생산 항공기들은 시리아, 북한, 에티오피아 등에서 아직도 사용되고 있으며, JJ-5(수출용 명칭: FT-5) 훈련기는 단좌형 항공기 사용을 중지한 국가들에서도 여전히 훈련기로 사용되고 있다.

Republic F-84 Thunderjet and Thunderstreak

F-84 썬더제트와 썬더스트릭 (리퍼블릭 사)

리퍼블릭사의 F-84는 초기 냉전 시대 제트기 중 가장 중요한 항공기였다.
한국에서는 썬더제트가 미공군의 지상공격임무를 주로 담당하였으며,
유럽에서는 썬더스트릭이 NATO 공군의 중추적인 역할을 수행하였다.

F-84F 썬더스트릭 제원

크기
길이: 43ft 4 in (13.23m)
날개 너비: 33ft 7 in (10.27m)
높이: 14ft 4$^{1}/_{2}$ in (4.39m)
날개 면적: 324.70ft^2 (98.90m^2)

추력장치
라이트 J65-W-3 터보제트 엔진 / 7,220lbs
(32.50kN) 추력

중량
자체중량: 13,380lbs (6273kg)
최대이륙중량: 28,000lbs (12,700kg)

성능
최대속도
 · 20,000ft (6095m): 658mph (1059km/h)
 · 해면고도: 695mph (1118km/h)
초기상승률: 8,200ft (2500m)/분
실용상승고도: 46,000ft (14,020m)
전투행동반경: 810마일 (1,304km) / 보조연료탱크
　2개 장착시

무장
0.5 in (12.7㎜) 브라우닝 M3 기총 6문, 미군의
전술핵무기를 포함한 6,000lbs (2722kg) 이상의
무장 탑재

"인정하자. MiG기는 괜찮은 항공기이다. F-84도 괜찮은 항공기이다. 그런데 우리가 MiG기를 조종하고 그들이 F-84를 조종하고 있었다면 우리는 아마 그들을 학살하였을 것이다."

– 윌리엄 슬로터 대위, F-84 조종사,
1951년 한국 –

미공군 〈썬더버드(Thunderbird)〉 공중시범단은 1955년과 1956년에 리퍼블릭 사의 F-84F를 조종하였다.

리퍼블릭 사 F-84F 썬더스트릭

제81전술비행단은 영국 벤트워터스(Bentwaters) 비행장에 위치하고 있었으며, 영국 서폭(Suffolk)의 우드브리지(Woodbridge) 근처이다. 1958년에 이 비행단은 F-84F 썬더스트릭을 운용하였고, 그림 속의 항공기는 제78전술비행대대 소속이다. F-84F는 핵무기 운용이 가능한 전폭기로 사용되었으며, 제78전술비행대대는 이를 상징적으로 보여주는 버섯구름 모양의 엠블렘을 항공기에 그려 넣었다. 아래의 기체번호 52-6675 항공기는 꼬리날개 아래에 브레이크 낙하산을 장착하고 있으며, 이는 당시 운용되고 있는 많은 F-84F에 적용되었던 것이다. 이 항공기는 이후 독일공군에 판매되었고, 나중에는 그리스로 넘어갔다. 대부분을 미국 밖에서 사용된 이 항공기는 미국 아리조나 주 페오리아 시내의 전시용 기둥 위에 전시되었다.

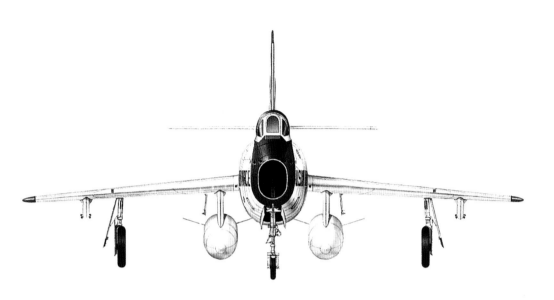

- F-84는 최초로 핵무기를 운용할 수 있는 전술항공기였다.
- 1950년대에 미국공군 〈썬더버드〉 공중시범단은 F-84G와 F-84F를 사용하였다.
- 약 2,000대의 F-84G와 1,300대 이상의 F-84F, RF-84RF가 NATO군에 보급되었다.

리퍼블릭 사 F-84F 썬더스트릭 – 파생형과 운용 국가

파생형

YF-84F: 후퇴익의 F-84F 시제기로 2대 생산,
초기 F-96으로 명명됨.

F-84F 썬더스트릭: 라이트 J65 엔진을 장착한 후퇴익
버전. 전술항공사령부 소속 항공기는 핵폭탄을
운용하기 위한 저고도폭격 시스템(LABS)을 갖추었음.
2,711대 생산, 1301대가 상호 방위지원 프로그램
(MDAP)에 의해 NATO군에 인계됨.

GRF-84F: FICON(FIghter CONveyor, 전투기 호송자)
프로젝트의 일환으로 RF-84F 25대가 GRB-36F
폭격기의 폭탄 저장실에 탑재되어 발사될 수 있도록
개조되었음. 이후에 RF-84K로 재명명됨.

RF-84F 썬더플래쉬: F-84F의 정찰기 버전. 715대가
생산됨.

XF-84H: F-84F 2대가 실험용으로 개조되었음. 각각은
5,850 마력(4365kW)의 Allison XT40-A-1 터보프롭
엔진을 장착하고 있음. 지상 근무자들은 심한 소음으로
인해 XF-84H을 〈썬더스크리치(Thunderscreech)〉
라고 불렀음.

YF-84J: F-84F 2대가 General Electric J73 엔진
장착을 위해 확장된 공기흡기구와 동체를 가진 YF-84J
시제기로 개조됨. YF-84J는 1954년 4월 7일에
수평비행으로 마하 1.09를 기록하였음. 프로젝트는
기존 F-84F의 막대한 개조비용으로 인해 취소되었음.

운용 국가

벨기에
덴마크
프랑스
그리스
이란
이탈리아
네덜란드
노르웨이
포르투갈
대만
태국
터키
미국
서독
유고슬라비아

18,000대 이상 생산된 리퍼블릭 사의 P-47 썬더볼트는 지금까지 가장 많이 사용된 미국 전투기이다. 이 항공기는 전투기와 지상공격기로 능력이 탁월하였으며 전투피해에 대한 내구성도 훌륭하였다.

제트 추력을 위해 P-47 항공기를 재설계하려는 시도가 실패하자 리퍼블릭 사는 새로운 설계를 개발하기 시작하였다. 리퍼블릭 사가 새롭게 제안한 항공기는 6개의 0.5인치 기총(P-47보다 2개 적음)과 4개의 15.2mm 기총을 장착하고 있었다. 1944년 미공군은 리퍼블릭 사와

그 당시의 다른 전투기들과 마찬가지로 F-84 계기판의 모든 공간이 아날로그식 계기로 가득 찼다.

제트 전폭기 계약을 하였고, 1946년 2월에 XP-84A 시제기가 비행하기도 전에 주문량을 늘렸다.

독립적인 임무의 시작

미공군은 1937년에 미군 내 독립된 군으로 창설되었다. 같은 해 미 국방부의 명칭 체계에서 전투기를 명명할 때 〈추구(Pursuit)〉의 P에서 〈전투기(Fighter)〉의 F로 변경하였다. 따라서 P-84는 1947년 12월 F-84B 썬더제트라는 이름으로 운용되기 시작하였다. 이 항공기는 직선익을 가지고 있었으며 기수에 위치 공기흡입구가 앨리슨 J35 축류 터보제트 엔진까지 직선으로 연결되는 고전적인 형태의 항공기였다. 또한 유선형 캐노피는 조종사에게 좋은 시야를 제공하였다.

초기 썬더제트는 구조적, 성능적인 문제가 여러 가지 있었으나 이후 F-84B형과 C형, D형이 연달아 개발되었으며, 1949년에 이를 상당히 개선한 F-84E가 나온 뒤 완성작인 F-84G가 개발되었다. 유선형 캐노피는 골격이 튼튼한 강화 캐노피로 교체되었으며, 공중급유를 위한 장비가 장착되었고, Mk 7 핵무기도 운용할 수 있었다.

미국 캘리포니아 주의 에드워드 공군기지에서 F-84F가 AGM-12 불펍 미사일을 시험 발사하고 있다. 작전 운용 중에는 썬더스트리크는 거의 비유도 폭탄과 로켓, 기총을 사용하였다.

전술 공격

한국전에서 F-84는 이전의 P-47항공기와 마찬가지로 주요 전술공격 항공기였다. 비록 기술적으로는 미코얀 구레비치 사의 MiG-15에 뒤졌지만, 실제 전투에서 썬더제트는 8대의 MiG기를 격추하였다.

약 4,500대의 직선익 F-84가 생산되었으며 이 항공기는 미공군뿐만 아니라, 포르투갈, 대만, 서독과 이란 등 다른 15개 국가에서도 운영되었다. F-84F 썬더스트릭은 최초에 후퇴익으로만 날개형태가 변화되고 나머지는 기존 항공기와 비슷한 형태로 개발이 추진되었다. 그러나 1952년 11월에 실제로 최초 양산형 항공기는 완전히 새로운 것이었다. 동체는 더 깊어지고 단면이 타원형이었으며 라이트 J65 엔진을 장착하고 있었다. 캐노피는 항공기 등쪽과 연결되어 있고 위쪽으로 들려 뒤쪽으로 열리는 방식이었다. 또한 6개의 기총이 장착되어 있었다. F-84F는 1954년부터 전술항공사령부에서 사용되었으나 1950년대 후반에 미 주방위공군(Air National Guard)에 편입되었다.

F-84F가 적절한 작전행동반경을 갖기 위해서는 대형 외부연료탱크가 필요하였다.

냉전의 긴장

1960년대 초반 베를린을 둘러싼 긴장의 시기에 미공군은 F-84F를 재도입하였다. 1961년에 200대 이상의 미국 F-84F가 혹시 모를 소련공격에 대비하기 위하여 유럽에 대량으로 배치되었다.

썬더스트리크는 이후에 카메라가 장착된 기수와 측면에 공기흡입구가 있는 RF-84F 썬더플래시로 개조되었다. F-84G와 마찬가지로, 후퇴익 모델들은 NATO와 미국의 동맹국에서 대량으로 생산되었으며, 프랑스의 F-84F는 1956년 수에즈 위기 당시에 최소 1대 이상의 이집트 항공기를 격추하였다. 또한 450대 이상의 F-84가 새롭게 개혁된 독일 공군에서 운용되었으며, 마지막으로 운용된 F-84는 1991년 그리스에서 퇴역한 RF-84F였다.

Dassault Mystère and Super Mystère
미스테르와 슈페르 미스테르 (다소 사)

다소 사의 미스테르와 슈페르 미스테르는 제2차 세계대전 이후
프랑스 항공산업을 다시 일으키고 1960년대와 1970년대 초반에
3개 공군의 주요항공기였다.

슈페르 미스테르 B2 제원

크기
길이: 46ft 4¹/₄ in (14.13m)
높이: 14ft 11 in (4.55m)
날개 너비: 34ft 6 in (10.52m)
날개 면적: 376.75ft² (35.00m²)
휠베이스: 14ft 11¹/₂ in (4.56m)

추력장치
SNECMA Atar 101G-2/-3 터보제트 엔진 1개 /
  후기연소시 9,833lbs (43.76kN) 추력

중량
자체중량: 15,282lbs (6932kg)
최대이륙중량: 22,046lbs (10,000kg)

성능
최대속도
 · 해면고도: 646mph (1040km/h)
 · 12,000m: 743mph (1195km/h)/39,370ft
초기상승률: 분당 17,505ft (5335m)
실용상승고도: 55,775ft (17,000m)
표준항속거리: 540마일 (870km)

무장
30mm DEFA 551 기총 2문, 68mm SNEB 로켓
35발, 1,102lbs (500kg) 이상의 폭탄을 포함하여
4개의 하드포인트에 2,205 lbs (1000kg) 무장 장착 가능.
일부 항공기는 나중에
AIM-9 사이드와인더
또는 샤프리(Shafrir)
공대공미사일을 운용할 수 있도록 개조됨

"개량된
슈페르 미스테르는
속도가 우세했다.
같은 엔진을 장착한
더글라스의 A-4보다
훨씬 빨랐으며
매끄러웠다."

– 스로모 샤피라,
   이스라엘 공군 조종사 –

초기의 미스테르 파일럿의 기본 복장

● 미스테르 시리즈는 거리 식별용 레이더 사격조준기가 있었으나
   몇 개의 실험용 모델을 제외하고는 공중 요격용 레이더는 없었다.
● 다소 사의 오라간(Ouragan)과 미스테르 IV는
   프랑스 곡예비행 팀 빠뜨후이유 드 프랑스(Patrouille de France)에서 사용되었다.
● 이스라엘은 슈페르 미스테르 B2, 또는 SMB2를 〈삼바드(Sambad)〉라고 불렀다.

다소 사 미스테르 IVA

미스테르 IVA No.83은 프랑스 공군이 마지막으로 운용하였던 항공기다. 보르드(Borde)의
서쪽에 위치한 카조(Cazaux) 비행기지의에서 EC 1/8 〈Saintonge〉 비행대대는 1964년부터
1982년까지 미스테르 IVA를 비행하였다. 이 항공기는 고등비행 훈련기로서 고성능전투기
조종사들을 위해 사용되었다. EC 1/8은 전통적인 문양을 사용하는 2개의 편대로 나뉜다.
날개의 화살은 3C2 편대의 것이었다. 다른 4C1 편대의 문양은 '뛰어오르는 사자'였다.
해당 미스테르는 1978년에 영국의 뉴아크 항공박물관에 기부되어 현재까지 전시되고 있다

다소 사의 미스테르 - 파생형

M.D. 450 오라간: 미스테르 시리즈의 토대가 된 최초 설계

M.D. 452 미스테르 I: 초기 시제기 모델 명칭. 총 3대 생산. 롤스로이스의 Tay 터보제트 엔진을 탑재함.

미스테르 IIA: 시제기 모델. 2대 생산.

미스테르 IIB: 시제기 모델. 4대 생산.

미스테르 IIC: SNECMA Atar 101 6,614 lb (3000kg) 터보제트 엔진을 탑재한 양산 전 모델명.

미스테르 IV: 양산형 시제기 모델명. 꼬리날개가 개조되었으며, 비행역학적 성능이 향상되었고, 기체가 길어짐. Tay 엔진을 탑재함.

미스테르 IVA: 양산 전 및 양산형 모델. 9대 생산. Tay 및 Hispano-Suiza 엔진을 탑재한 480대를 생산.

미스테르 IVB: 롤스로이스 에이번(Avon) 터보제트 엔진을 탑재한 IVA 개량형. 동체가 개조됨.

슈페르 미스테르 B1: 후기연소 터보제트 엔진을 장착한 IVB의 양산형 시제기 모델.

슈페르 미스테르 B2: B1의 양산형 모델 명칭. 185대가 생산됨. SNECMA Atar 101G-2/3 후기연소 터보제트 엔진이 장착됨.

1945년, 프랑스의 침체된 항공산업은 영국이나 미국, 소련보다도 한참 뒤쳐져 있었다. 프랑스 공군은 지속적으로 Focke-Wulf 190 항공기와 전쟁 중에 확보한 독일공군의 생산공장에서 독일항공기를 생산하고 있었다.

전쟁 이전 항공기 설계자인 마르셀 블로(Marcel Bloch)는 나치 감금에서 풀려난 뒤 이름을 다소(Dassalut)로 바꾸고 롤스로이스의 Nene 엔진으로 추진되는 제트전투기를 설계하였다. 이 설계의 생산이 승인된 오라간(Ouragan, 허리케인) 시제기는 1949년 2월에 비행을 시작하였다.

후퇴익의 선택

당시에 다소는 이미 후퇴익 항공기의 후속 모델을 구상하고 있었다. 30도 후퇴익과 롤스로이스 Tay 엔진을 장착한 이 미스테르(Mystery, 미스터리) 항공기는 1951년 초반에 비행을 시작하였으며, SNECMA의 Atar 101C 터보제트 엔진을 장착한 미스테르 IIC는 양산형 모델이었다.

미스테르 IV가 탑재 가능한 폭탄, 로켓, 연료탱크 및 기총탄 등을 전시하고 있다.

외관은 비슷하였지만 미스테르 IV는 41도의 후퇴익과 새로운 꼬리날개, 달걀모양의 동체와 공기흡입구를 갖추고 있는 완전히 새로운 항공기였으며, 1952년 9월에 첫 비행을 하였다. 미스테르 IV 항공기는 롤스로이스 Tay 엔진 또는 히스파노-수이자(Hispano-Suiza) 엔진을 라이센스 생산한 Verdon 350 엔진을 장착하였다. 미스테르 IVA는 고양력 장치가 없는 얇은 날개를 가지고 있는 고전적인 항공기였다. 기체 아랫면에는 4개의 파일론이 있었는데 2개는 연료탱크를, 다른 2개는 폭탄이나 로켓 장착대로 사용되었다. 주요 무장은 30㎜ DEFA 기총 한 쌍이었다.

프랑스 공군에서 미스테르 IVA는 처음에 요격기로 사용되었으나 미라지 III가 등장한 이후 지상공격용 전투기로 전환되었다.

전투에서의 시험

미스테르 IV는 이스라엘과 인도로 수출되었다. 인도에서는 1965년과 1971년에 파키스탄과의 전쟁에서 사용되었으며, 공중 교전에서 미스테르 IV는 록히드 F-104에

1980년대 프랑스 공군의 전투기 전환 훈련에 사용된 몇 대 남지 않은 미스테르 IV의 비행.

미스테르 MN은 레이더와 기총을 장착한 복좌형 야간전투기로 유일하게 생산되었다.

게 피해를 입었으나 추락하기 전 F-104를 공격하여 적기를 격추시켰다. 1956년에 이스라엘의 미스테르는 이집트 미코얀 구레비치 MiG-15와 교전해 기총으로 7번의 승리를 거두었으며, 1967년에도 샤프릴(Shafrir) 미사일을 제한적으로 사용하였다.

Avon(에이번) 엔진을 장착한 슈페르 미스테르 B1은 1955년에 비행을 시작하였지만 양산형인 B2 모델은 후기연소장치가 있는 아타르(Atar) 101 엔진을 장착하였다. 슈페르 미스테르는 서유럽에서 처음으로 45도 후퇴익을 가지고 수평비행상태로 마하 1을 능가하였다. 이스라엘의 슈페르 미스테르는 지상공격용으로, 1967년도의 6일 전쟁과 1973년의 욤키프루(Yom Kippur) 전쟁에서 많이 사용되었다. 1970년대 초반에 이스라엘은 성능이 떨어진 항공기를 개량하기 위해 더글라스의 A-4 스카이호크에 사용된 Pratt & Whitney J52 엔진을 사용하였다. 해당 기종은 개량형 슈페르 미스테르 또는 히브리어로 사아(Sa' ar, 대소동)로 불렸으며, A-4보다 속도가 더 빨랐다. 1973년에 이 항공기는 다시 지상공격임무를 주로 맡게 되었으며, 개량된 슈페르 미스테르 몇 대는 온두라스에 제공되어 1990년대 후반까지도 사용되었다.

훈련기로서의 지속적인 역할

프랑스 공군은 1980년대 초반까지 프랑스 서남부 지역의 카조(Cazaux)에 있는 제8비행단에서 미스테르 IVA를 고등비행훈련기로 사용하였다. 미국은 MDAP(상호방위지원프로그램)를 통해 많은 미스테르 항공기를 지원하였으며, 현재 박물관에 전시된 항공기들은 실질적으로 미공군 국립박물관에서 대여된 것이다.

Hawker Hunter
헌터 (호커 사)

호커 사의 헌터는 비행조작이 용이하였고 운영성과 신뢰성 양호하였다.
비록 주간용 전투기로는 금방 다른 항공기들에게 밀려났지만,
몇십 년간 지상공격용 및 훈련용으로 여러 국가에서 사용되었다.

헌터 FGA.MK 9 제원

크기
길이: 45ft 10¹/₂ in (13.98m) 높이: 13ft 2 in (4.01m)
날개 너비: 33ft 8 in (10.26m) 가로세로비: 3.25
날개 면적: 349ft² (32.42㎡)
수평꼬리날개 span: 11ft 10 in (3.61m)
휠트랙: 14ft 9 in (4.50m) 휠베이스: 15ft 9 in (4.80m)

추력장치
롤스로이스 에이번 RA.28 Mk 207 터보제트 엔진 1개 /
  10,150lb st (45.15kN) 추력

중량
자체중량: 14,400lbs (6532kg)
정상이륙중량: 18,000lbs (8165kg)
최대이륙중량: 24,600lbs (11,158kg)
내부연료: 3,144lbs (1426kg)
외부연료: 276 또는 120 US gal (1045 또는 455ℓ)
  보조연료탱크 2개
최대탑재무장: 7,400lbs (3357kg)

성능
최대수평비행속도
 · [clean] 외장/36,000ft (10,975m): 538kts (620mph, 978km/h)
 · [clean] 외장/해면고도: 616kts (710mph, 1144km/h)
최대순항속도/36,000ft (10,975m): 481kts (554mph, 892km/h)
경제순항속도/최적고도: 399kts (460mph, 740km/h)
실용상승고도: 50,000ft (15,240m)
최대상승률(해면고도): 8,000ft (2438m)/분
이륙활주거리: 2,100ft (640m) / 정상이륙중량
이륙거리(50ft까지): 3,450ft (1052m) / 정상이륙중량
착륙활주거리: 3,150ft (960m) / 정상착륙중량
순항거리(보조연료탱크 2개 장착시): 1,595nm (1,840마일:
  2961km)
전투행동반경: 385nm (443마일: 713km) / 전형적인 무장과
보조연료탱크 2개를 장착하고 Hi-Lo-Hi 지상공격 임무시

무장
Four 전방 동체 아래에 장착된 30mm Aden 기총 4문, 기총당
150발. 안쪽 파일론에 1,000lbs (454kg) 영국제 또는 외국제 폭탄
8발 장착 가능, 2 in (5.08cm) 다련장로켓, 120 US gal (455ℓ)
네이팜탄, 연습용 폭탄과 기타 다양한 무장탑재 가능. 바깥쪽
파일론에는 다양한 탄두의 3 in (7.62cm) 로켓 24발 또는
다른 로켓용 라운처 장착 가능

"내가 헌터에 처음 앉았을 때, 그 항공기가 완벽한 항공기라는 것을 본능적으로 알 수 있었다."

– 공군대장 패트릭 하인(Patrick Hine) 경, '냉전의 조종석(Cockpits of the Cold War)' 본문 중에서 –

"아름답게 조작되고 비행하는 재미가 있는, 진짜 조종사를 위한 항공기이다."

– 네빌 듀크(Neville Duke), 헌터 시험비행 조종사 –

- 레바논에서는 아직도 헌터가 운용되고 있는데, 영국공군에서 처음 사용된 이후 55년이나 지난 것이다.
- 헌터는 최초로 후퇴익을 갖추고 생산된 영국 전투기였다.
- 영국공군의 〈블루 다이아몬드〉, 인도의 〈아크로 헌터스〉, 스위스 공군의 〈파트루이 스위스〉 등 다수의 곡예비행팀에서 헌터가 사용되었다

호커 사의 헌터 T8 C

헌터는 1960년대에 영국공군의 주간용 전투기로 알려져 있으나 영국해군이 조종사 훈련용이나 무장 훈련용, 미사일 시뮬레이션과 표적 견인 등 다른 용도로 많이 사용되었다. 여기에 보이는 T8 C는 1958년에 창설되어 1962년부터 1970년까지 훈련부대로 운영되었던 제738해군 비행대대의 문양이 그려져 있다. 몇 대의 T8은 시 해리어 조종사 훈련을 위해 기수에 블루 팍스 레이더를 장착한 T8M으로 개조되었지만, 레이더가 없고 30㎜ Aden 기총1문만 장착한 XL598이 기본 훈련기로 사용되었다. 1994년에 퇴역된 후 XL598은 남아프리카의 한 회사에 판매되었다.

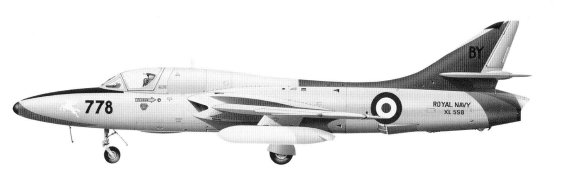

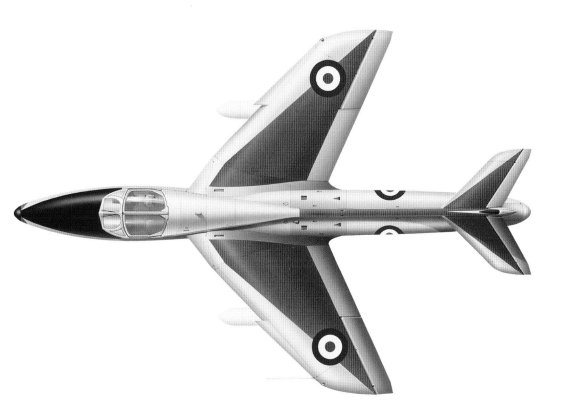

호커 사의 헌터 – 영국 버전

P.1067: 시제기. 1951년 7월 20일 최초 비행. 최초에 생산된 3대가 세계 스피드 신기록 행사(World Speed Record) 참가를 위해 Mark 3로 개조됨.

P.1083: 시제기. 50도 후퇴익와 후기연소장치가 있는 에이번(Avon) 엔진을 장착한 P.1067 기체를 기반으로 한 초음속 항공기

P.1101: 훈련용 복좌형 시제기. 2대 생산.

F 1: 에이번 113 엔진 장착. 1953년 3월 16일 최초 비행. 139대 생산.

F 2: 사파이어(Sapphire) 101 엔진 장착. 1953년 10월 14일. 45대 생산.

Mk 3: F 3로 불리기도 함. 무장 미탑재. 최초의 시제기는 후기연소장치가 있는 9,600 lbf(42.70kN) 추력의 에이번 RA.7R 엔진을 장착하였으며, 기수가 뾰족하였고 동체 옆면에 에어브레이크가 있었고, 개선된 캐노피를 장착하고 있었다. 1953년 9월 7일 잉글리쉬 해안 상공에서 727.6mph (1,171km/h)이라는
세계 최고의 속도를 기록함.

F 4: 날개 내부에 가방형 연료탱크 추가. 날개 하부 연료탱크 장착. 에이번 115(나중에 에이번 121) 엔진 탑재. 기수 아래에 반구형 기총탄 보관실이 있음. 1954년 10월 20일 최초 비행. 349대 생산.

F 5: F 4 105대에 사파이어 101 엔진을 장착 생산.

F 6: 호천용 단좌형 요격기. 10,150 lbf(45.17kN) 추력의 롤스로이스 에이번 203 터보제트 엔진 탑재. 날개에 〈개이빨(dogtooth)〉 모양의 앞전. 1954년 1월 22일 최초 비행.

F 6A: 브레이크 낙하산을 장착한 F 6의 개량형. 날개 안쪽에 276 US gal (1045 ℓ) 연료탱크.

T 7: 병렬식 복좌형 훈련기. F 4 엔진과 시스템 중

일부는 수정되고, 나머지는 완전히 새롭게 생산됨.

T 7A: 통합비행계기시스템(IFIS)을 적용한 T 7. 전환훈련기로 영국공군에서 사용함.

T 8: 영국해군의 복좌형 훈련기. 영국해군에서 사용하기 위한 어레스트 훅(arrest hook)을 장착하고 있으나 나머지는 T 7과 유사함.

T 8B: TACAN 항법장비와 IFIS가 탑재된 T 8, 기총과 거리 측정용 레이더가 제거됨. 영국해군에서 전환훈련기로 사용함.

T 8C: TACAN이 장착된 T 8.

T 8M: 시 해리어(Sea Harrier)의 블루 팍스(Blue Fox) 레이더를 장착한 T 8. 영국해군에서 시 해리어 조종사 훈련용으로 사용함.

FGA 9: 영국공군의 지상공격용 단좌형 전투기 버전

FR.10: 단좌형 정찰기 버전. F 6 33대를 개조함. F95 카메라 3대가 장착되었고, 계기판 배열 변경되었으며, 브레이크 낙하산이 장착됨. 날개 안쪽에 276 US gal (1045 ℓ) 연료탱크를 탑재함.

GA 11: 영국해군의 무장 훈련용 단좌형 항공기. 영국공군 F 4 40대가 GA 11로 전환됨. 어레스트 훅을 장착하고 있으며, 이후에 하리(Harley) 라이트가 추가됨.

PR 11: 영국해군의 단좌형 정찰기 버전. 하리 라이트가 카메라로 교체됨.

Mk 12: 영국 왕립항공기연구원(Royal Aircraft Establishment)의 복좌형 시험기. F 6 항공기 1대가 전환됨

비록 영국이 실용적인 제트전투기인 글로스터 사의 미티어를 개발함으로서 미국을 앞서나갔지만, 한국전쟁에서 직선익 제트기는 적 전투기인 미코얀 구레비치 MiG-15에 비해 더 이상 설 곳이 없었다. 진화를 거듭한 호커 사의 항공기는 가장 중요한 2세대 지상기지용 주간 전투기가 되었다.

1951년 7월에 헌터의 시제기인 호커 사의 P1067이 첫 비행을 하였다. 헌터는 비록 강하할 때이긴 하지만 1952년 4

사파이어엔진을 장착한 헌터 F 2는 오직 2개의 영국공군 비행대대에서 사용되었다. Nos 258(위 사진)과 263 항공기는 영국 서퍼크에 위치한 와티스햄 기지에서 운용되었다.

월에 음의 장벽을 뚫고 음속 비행에 성공하였다. 초기 양산형 헌터는 엔진을 두 가지 종류의 다른 엔진을 사용하였다. 1954년 7월에 운용되기 시작한 F1은 롤스로이스의 에이번(Avon) 엔진을 장착하였으며, F2는 암스트롱 시들리 사파이어(Armstrong Siddeley Sapphire) 엔진을 사용하였다. 하지만 여러 가지 기초적인 문제가 있었다. F1은 기총을 발사할 때 엔진이 갑자기 꺼지는 문제가 있었으며, 플랩을 에어브레이크로 사용할 때 항공기 안정성이 떨어졌다. 비행지속시간도 매우 짧았다. F4와 F5는 이후에 일부 개선을 통해 별도의 에어브레이크를 장착하였고 더 많은 연료를 탑재할 수 있었다. F2와 마찬가지로 F5는 사파이어 엔진을 사용하였지만, 이후의 모델들은 에이번 엔진을 사용하였다.

영국 공군에서의 운용

헌터는 미사일을 장착한 요격용 전투기인 잉글리시 일렉트릭 라이트닝이 대체하기 전까지 영국공군 전투사령부 비행대대들에 배치되어 주간에 공중방어임무를 수행하였다. 영국공군에서 사용될 동안 헌터의 유일한 공대공 무장은 4개의 기총이었기 때문에 미사일의 시대가 도래하면서 점차 쇠퇴되었다.

영국공군은 1956년에 수에즈 위기 당시에 헌터를 최초로 사용하였으며, F5가 이집트 지상 표적을 공격하였다. 헌터는 중동과 극동으로도 보내졌다. 기총과 로켓, 폭탄을 장착한 헌터는 아덴과 보르니오에서 반란군과 테러리스트 공격을 차단하는데 효과적인 수단임이 증명되었다. 지상공격용 기종은 FGA 9이었으며, 이 기종은 1970년대까지 영국공군에서 운용되었고 나중에 몇몇 수출용 기종의 기본형이기도 하였다. 최후에 Me 262는 지원계통, 특히 지원 차량용 연료에 대한 연합군의 공격과, 지속적으로 높은 온도에 적절하지 않은 재질로 만들어진 신뢰할 수 없는 엔진 때문에 작전에 제한을 받았다.

매력의 확대

헌터는 영국 항공산업에서 수출로 큰 성공을 거둔 항공기였다. 1957년에 인도에서부터 시작하여 벨기에, 덴마크, 스웨덴, 스위스, 오만, 요르단, 레바논, 이라크, 쿠웨이트 등 약 18개국이 신형 또는 새로 정비된 헌터를 구입하였다. 몇 개국은 영국이 요구한 것보다 더 생산된 잉여 항공기를 수령하였으며, 나중에 반납하고 나서 호커 사(나중에 호커 시들리, 브리티시 에어로스페이스로 회사명이 변경됨)는 이를 재정비하여 이들 국가에 재판매하였다. 네덜란드, 벨기에와 스위스 회사들도 헌터를 라이센스 생산하였다.

전투에서의 운용

1965년과 1971년 인도-파키스탄 전쟁에서 헌터가 가장 많이 사용되었다. 인도의

스위스는 헌터를 35년 이상 운영하였다. 헌터는 항상 '스포츠카'처럼 간주되어 조종사들의 사랑을 받았다.

헌터는 파키스탄의 노스 아메리칸의 F-86 세이버와 비슷해서 공중전투에서의 위력이 거의 동일하였으나, 1971년 전쟁에서 헌터는 MiG-19나 다소 사의 미라지 III에 비해서는 성능이 떨어졌다. 1967년 6일 전쟁에서 요르단의 헌터들은 이스라엘의 미라지에 비해 작전 효과가 뒤처졌고, 실제 전투를 시작하기도 전에 지상에서 많은 항공기가 파괴되었다.

유럽에서 스위스는 헌터를 1959년부터 사용하기 시작하여 마지막으로 1995년까지 사용했다. 그 기간 동안에 스위스는 AIM-9 사이드와인더와 AGM-58 매버릭 미사일을 운용할 수 있는 FGA 58 모델을 운용하기도 하였으나, 레이더와 현대적인 항공전자장비들은 탑재되지 않은 것이었다.

헌터는 아직도 많은 항공기가 민간 회사에서 미사일 운용을 위한 모의표적으로 사용되고 있으며, 꽤 많은 수가 개인용 혹은 에어쇼용으로도 사용되고 있다. 2009년에 레바논 공군은 MiG-29와 같은 좀 더 현대적인 전투기를 구매하는 대신에, 운용하지 않고 보관하고 있던 헌터를 다시 전방에 재배치하였다.

인도의 헌터는 파키스탄과의 전쟁에서 중요한 역할을 수행하였다.
21세기로 들어선 이후 10년 동안은 표적 견인 등 보조적인 역할로 사용이 지속되었다.

North American F-100 Super Sabre

F-100 슈퍼 세이버 (노스 아메리칸 사)

센츄리 시리즈 중 첫 번째 전투기인 F-100은
수평비행 상태에서 처음으로 음속을 돌파한 미공군 전투기이다.
베트남전에서 주로 지상공격용으로 사용되었다.

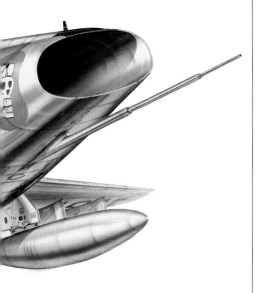

F-100D 슈퍼 세이버 제원

크기
길이: 49ft 6 in (15.09m)
높이: 16ft $2^2/_3$ in (4.95m)
날개 너비: 38ft 9 in (11.81m)
날개 면적: 385.20ft² (35.79㎡)

추력장치
Pratt & Whitney J57-P-21A 터보제트 엔진 1개
· 일반: 11,700lb st (52.02kN),
  후기연소: 16,950lb st (75.40kN)

중량
자체중량: 21,000lbs (9525kg)
적재중량: 29,762lbs (13500kg)
전투중량: 30,061lbs (13633kg)
최대이륙중량: 38,048lbs (17,256kg)

연료 및 탑재 중량
내부연료: 1,189 US gal (4500ℓ)
외부연료: 1,070 US gal (4050ℓ)
보조연료탱크: 보통 450 US gal (1703ℓ) 탱크 2개 장착한
  상태로 비행하였으나, 200 US gal (757ℓ), 275 US gal
  (1041ℓ), 335 US gal (1268ℓ) 탱크도 장착 가능함.
최대외부탑재중량: 7,500lbs (3402kg)

성능
최대속도: 864mph (1390km/h) / 35,000ft (10,670m)
상승률: 16,000ft (4875m)/분
35,000ft (10,670m)까지 상승: 3분 30초 / 전투중량,
  최대추력시

운용거리
전투행동반경: 1,500마일 (2415km)
순항거리: 1,973마일 (3176km)

무장
Pontiac M39E 20㎜ 기총 4문(기총당 200발), 전술 핵무기와
다양한 재래식 무장 장착 가능(Mk 80 시리즈, M117 폭탄,
확산탄, 연습용 폭탄 디스펜서, 로켓 포드, 소이탄, 네이팜탄,
AGM-12A/B/C 공대지미사일 등)

"F-100은 슈퍼 항공기였다. 1,150시간 동안 이 항공기를 비행하면서
심각하다고 생각되는 문제점을 발견할 수 없었다. 이 항공기로 비행하는 것은
큰 즐거움이었다."
 – F-100 조종사 돈 슈멘크(Don Schmenk) –

● F-100은 미공군 공중시범비행팀인 〈썬더버드〉와 〈스카이 블레이저〉에서 사용되었다.
● 복좌형인 F-100F는 베트남전에 최초로 투입된 적 레이더 공격을 위한 〈와일드 위즐
  (Wild Weasel)〉 항공기였다.
● 슈퍼 세이버 중 F-100D는 1,273대로 가장 많이 생산된 모델이다.

노스아메리칸 사 **F-100** 슈퍼세이버

북베트남의 MiG기와의 초기 몇 차례 교전 이후에 F-100은 월남과 라오스에 대규모로 배치되어
북쪽으로부터의 보급 루트인 '호치민 트레일'을 차단하기 위하여 근접항공지원과 항공차단
임무를 담당하였다. 제37전술비행단의 제416전술항공대대의 F-100D 항공기는 F-4 팬텀과
F-105 썬더치프처럼 여러 무장 장착대 대신 단독 파일론에 227kg의 폭탄을 장착하였다.
동체 아래쪽의 커다란 에어브레이크가 나와 있다. 〈My Gal Sal III〉 항공기는 1968년에
유압계통에 심각한 손상을 입어 월남 푸켓 기지 착륙 중 활주로를 벗어났었다. 이 항공기는
정비된 후에 다시 비행을 재개할 수 있었고, 미국으로 돌려보내져 미사일 시험용인
QF-100D로 변경되었다.

노스 아메리칸 사 F-100 슈퍼세이버 – 파생형과 운용 국가

파생형

YF-100A: 시제기. NA-180 모델 2대가 생산됨
(일련번호: 52-5754와 5755)

YQF-100: 9대의 시험용 무인기 버전. D 모델 2대,
YQF-100F 및 F 모델(DF-100F 모델 참고) 각 1대,
다른 시험용 버전 6대.

F-100A: 주간용 단좌형 전투기. 203대 생산. 모델명
NA-192.

RF-100A: 1954년에 F-100A 항공기 6대가 사진
정찰용으로 개조됨. 동체 아래쪽에 카메라가 장착된
비무장 항공기. 유럽과 극동지역에서 소비에트 블록
국가들을 정찰하기 위해 사용됨. 1958년에 미공군에서
퇴역함. 4대가 대만 공군으로 인수되어 운용되다가
1960년에 퇴역함.

F-100B: 동체 윗부분에 장착된 가변형 공기흡입관
(VAID)이 장착된 전술 전투폭격기

F-100BI: 실물 크기 모형만 생산된 F-100B의 요격기
버전

F-100C: 70대의 NA-214 모델과 381대의 NA-217
모델. 날개에 보조연료탱크와 공중급유장치가 추가된
전투폭격기형으로, 나중에 J57-P-21 엔진으로
업그레이드 됨. 476대가 생산됨.

TF-100C: F-100C 1대가 복좌형 훈련기로 전환됨.

F-100D: 단좌형 전투폭격기. 항공전자장비가
향상되었으며, 주날개와 수직꼬리날개, 플랩이 더
커짐. 1956년 1월 24일 최초로 비행함. 1,274대가
생산됨.

F-100F: 복좌형 훈련기 버전. 기총이 4문에서 2문으로
축소되었음. 1957년 3월 7일 최초로 비행함.
339대가 생산됨.

DF-100F: 무인기에 대한 통제기로서 F-100F 1대에
부여된 명칭.

NF-100F: F-100F 3대가 시험용으로 사용됨. 알파벳
'N'은 작전 재투입이 불가하게 개조되었음을 의미함.

TF-100F: 1974년 덴마크에 수출한 F-100F 14대에
부여된 명칭으로, 1959년부터 1961년까지 인도된
10대의 F-100F와의 구분 목적임.

QF-100: 209대의 D/F형 모델들이 현재 미공군
전투기들이 사용하고 있는 공대공미사일 시험을 위하여
표적용 무인기 및 통제기로 전환됨.

F-100J: 일본에 수출 제의된 전천후 전투폭격기 모델
(미생산)

F-100L: J57-P-55 엔진 장착 모델(미생산).

F-100N: 항공전자장비를 간소화한 모델(미생산)

F-100S: 롤스로이스 Spey 터보팬 엔진을 장착한
프랑스 공군용으로 제안된 모델

운용 국가
프랑스 공군
대만 공군
덴마크 공군
터키 공군
미국 공군

F-100은 F-86을 초음속 세이버로 만들려는 프로젝트 덕분에 탄생하게 되었다. 후퇴각을 30도에서 45도로 변경함으로서 항공기의 비행역학적인 특성을 개량하려 시도가 있었으나 이것이 별로 효과적이지 않아 노스 아메리칸 사의 항공기 설계자들은 처음부터 다시 시작하여야 했다. 비록 차이점이 많이 있기는 하지만, 1952년 초에 승인된 설계는 최초에 세이버 45로 알려졌다. 이 항공기는 1953년 5월까지는 YF-100A 슈퍼 세이버로 불렸고, 이후 양산형이 250대 이상 주문 생산되었다.

F-100과 다른 전투기들을 활주로 없이 공중으로 신속하게 발사하는 이륙 방식은 성공적이지 못하였다. 물론 이 항공기들은 착륙이 필요하였다.

YF-100A는 최초 비행에서 마하 1을 돌파하였고, 곧이어 저고도에서의 기록 갱신에 도전하여 1953년 10월 캘리포니아 주 모하비 사막에서 고도 100ft (30.48m)에서 시속 755.149마일(1,215.29km/h)로 비행하였다.

F-100A는 내부연료를 탑재하지 않은 얇은 날개를 가지고 있었으며, 주날개 후퇴각이 45도였다. 수평꼬리날개는 주날개보다 높이가 낮게 설치되었는데, 이는 고받음각 상태에서도 수평꼬리날개가 주날개를 통과한 공기의 영향을 받지 않도록 하기 위해서이다. 앞부분이 뾰족한 기수의 공기흡입구는 프랫&휘트니의 J57 터보제트 엔진까지 연결되어 있다. 무장은 앞쪽 기체 아래 4문의 20mm 기총이 장착되어 있고, 날개 아래 2개의 파일론에는 연료탱크나 폭탄, 로켓, 미사일 등을 장착할 수 있었다. 레이더를 탑재하고 있지 않아서 F-100A는 주간용 전투기로 사용될 예정이었으나, 리퍼블릭 사의 F-84F 썬더 스트리크 개발 프로그램이 지체됨에 따라 전투폭격기로 용도가 변경되었다.

F-100C와 D

F-100C는 날개 내부의 연료탱크와 탈부착이 가능한 공중급유장치가 새로 도입

F-100F 복좌형 항공기(가까운 쪽)는 전투가 가능하였다. 몇 대는 개조되어 최초로 〈와일드 위즐(Wild Weasel)〉 항공기가 되었다.

되었다. F-100A에 있는 작은 수직꼬리날개는 특정 외장상태에서 안정성이 부족하여 F-100C에는 훨씬 더 큰 것으로 변경되었다. F-100D는 지상공격 능력이 더 증가하였고, 조종사는 공중전보다는 근접항공지원을 더 많이 훈련하였다. 일부 항공기는 AGM-12 불펍 미사일이 장착될 수 있도록 개조되었고, 거의 대부분의 항공기는 자유 낙하식 핵무장을 운용할 수 있었다.

D형 모델은 1964년 중반부터 베트남에서 가장 많이 사용되었던 항공기였다. F-100은 전투기와 전투폭격기로 사용되었지만 정작 전투기로서는 효과적이지 못했다. 이 항공기는 단거리 미사일과 기총 운용시에만 제한적으로 사용되는 거리측정용 레이더를 탑재하고 있었고, 외부 장착물 장착시에 상대적으로 기동 성능이 낮아졌기 때문에 MiG기와는 거의 교전을 하지 않았다. 1965년 4월에 일어난 공중전에서 한 F-100D 조종사는 자신의 승리를 주장하였다

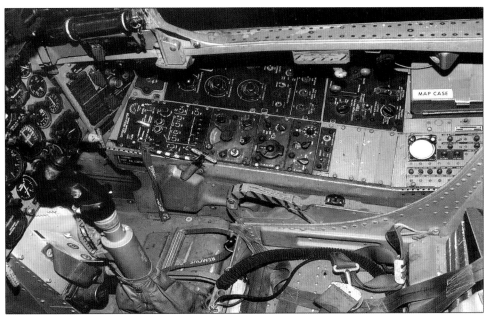

F-100과 같은 2세대 미공군 전투기들은 조종석 계기판이 좀 더 정리되어 있었고, 계기판이 연회색이어서 계기 판독이 더 쉬웠다.

수출용 버전

F-100은 프랑스와 대만, 터키, 덴마크로 수출되었다. 덴마크를 제외한 모든 국가에서 실전에서 항공기를 사용하였다. 프랑스는 알제리 내전에서 사용하였으며 대만은 RF-100으로 중국 대륙을 정찰하였고, 터키는 1974년 키프로스에서의 그리스와의 분쟁에 사용하였다.

〈센추리 시리즈〉의 많은 전투기들처럼 F-100D는 미공군에서 사용된 이후 주 방위공군(Air National Guard)에서 운용되었으며, 1985년 표적용 무인기로 사용되었다. 2001년까지 민간 회사인 트레이서 플라이트 시스템즈(Tracor Flight Systems)는 이전에 덴마크에서 운용하였던 F-100F 복좌형 항공기를 독일에서 표적 견인기로 사용하였다.

Mikoyan-Gurevich MiG-19 "Farmer"

MiG-19 파머 (미코얀 구레비치 사)

미코얀 구레비치 사의 MiG-19는 소련 최초의 초음속 전투기였다.
많은 결함이 있는 상태로 양산을 서둘렀지만, 이 항공기의 견고함이 입증되었으며,
아직도 중국과 다른 여러 국가의 공군에서 여전히 운용되고 있다.

센양 J-6/F-6 제원

크기
길이 · 프로브 포함시: 48ft 10¹/₂ in (14.90m)
　　　· 프로브 미포함시: 41ft 4 in (12.60m)
높이: 12ft 8³/₄ in (3.88m)
수평꼬리날개 면적: 16ft 4³/₄ in (5.00m)
휠트랙: 13ft 7¹/₂ in (4.15m)
날개 너비: 30ft 2¹/₄ in (9.20m)
날개 가로세로비: 3.24
날개 면적: 269.11ft² (25.00m²)

추력장치
Liming(LM) Wopen-6(Tumanskii RD-9BF-811) 터보제트 엔진 2개
　· 일반: 5,730lb st (25.49kN), 후기연소: 7,165lb st (31.87kN)

중량
자체중량: 12,698lbs (5760kg)
정상이륙중량: 16,634lbs (7545kg)
최대이륙중량: 22,046lbs (10,000kg)

연료 및 탑재 중량
내부연료: 3,719lbs (1687kg)
외부연료: 301 US gal (1140ℓ) 또는 201 US gal (760ℓ)
　보조연료탱크 2개
최대탑재무장: 1,102lbs (500kg)

성능
최대상승률(해면고도): 30,000ft (9145m)/분 이상
실용상승고도: 58,725ft (17,900m)
이륙활주거리: 2,198ft (670m) / 후기연소 추력
이륙거리: 5,003ft (1525m) / 후기연소 추력으로 80ft (25m) 고도까지
착륙거리: 6,496ft (1980m) / 브레이크 낙하산 없이 80ft (25m) 고도에서
착륙활주거리: 1,969ft (600m) / 브레이크 낙하산 사용시
초과금지속도(35,000ft (10670m)): 917kts (1,056mph, 1700km/h)
　　　　　　　최대수평비행속도: 831kts (957mph, 1540km/h) /
[clean] 외장, 36,000ft (10,975m)
순항속도: 512kts (590mph, 950km/h)
순항거리: 1,187nm (1,366마일, 2200km) / 201 US gal (760ℓ)
　보조연료탱크 2개 장착시
표준항속거리: 750nm (863마일, 1390km) / 46,000ft (14020m)에서
전투행동반경: 370nm (426마일, 685km) / 201 US gal (760ℓ)
　보조연료탱크 2개

무장
J-6는 공대공 또는 공대지 임무에 사용될 수 있음. 단 근접항공지원
임무에서의 체공시간은 연료부족으로 인해 제한을 받음. 공대공 임무시
AIM-9 사이드와인더 또는 AA-1 〈알카리〉 미사일이 주로 운용되며,
보조무장으로 NR-30 기총을 사용함. 지상공격 임무시 8발의 로켓을
발사할 수 있는 O-57K 로켓포드를 사용하며, 551lbs (250kg) 폭탄 1발
또는 8.35 in (212㎜) 로켓 1발로 대체될 수 있음. 이집트의 F-6는
활주로 폭파 및 대인살상용 무장을 운용할 수 있음.

"파키스탄은 비행시간이 100시간 이상만 돼도 폐기해도 될 만큼
매우 저렴한 MiG-19를 보유하고 있었지만,
더 값비싸고 성능도 뛰어난 인도 항공기들보다 우세하였다."

– 척 이거(Chuck Yeager), 미공군 예비역 소장이자 미공군 및 NASA의 전설적인 시험비행 조종사–

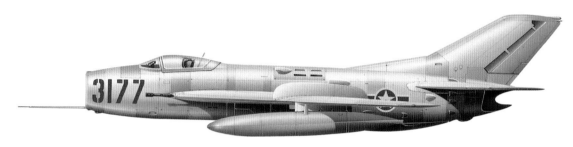

● MiG-19는 공기흡입구가 기수의 카울링 안쪽에 있는 분리막에 의해 2개로 분리되어 있다.
● MiG-19는 미국의 ZELL(Zero-Length Launch) 프로젝트와 비슷하게 라운처에서 로켓으로
  쏘아 올리는 요격기로 시험되었다.
● AS-3 〈캥거루〉 순항미사일은 상당부분 MiG-19 기체를 기반으로 하였다.

미코얀 구레비치 사 **MiG-19** 파머

MiG-19는 여러 소련 동맹국으로 수출되었고, 중국 F-6은 더 많은 국가에 보급되었다.
위 사진: 북베트남은 1968년~1969년에 50대 이상의 F-6을 제공받았다. 1972년 5월 중에만
MiG-19S는 7대 이상의 미국 팬텀을 격추하였다.
오른쪽 위 사진: 쿠바의 MiG-19P는 미군과 CIA 항공기를 쫓아내기 위해 많이 사용되었다.
MiG-19P는 2문의 30mm 기총과 2발의 AA-2 〈Atoll〉 공대공미사일을 탑재하였다.
오른쪽 아래 사진: 폴란드도 MiG-19P와 함께, 빔으로 조종되는 레이더 유도 미사일인 AA-1
〈알카리〉 4발을 운용하기 위한 기본적인 레이더와 파일론만을 갖춘 MiG-19PM도
운용하였다.

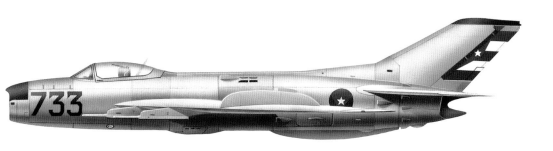

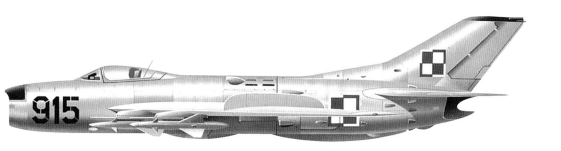

미코얀 구레비치 사 MiG-19 파머 – 파생형

MiG-19(NATO명: Farmer-A): 23mm NR-23 기총
3문을 장착한 최초 양산형 버전

MiG-19P(NATO명: Farmer-B): 기수에 RP-1 Izumrud
레이더와 주날개에 23mm NR-23 기총(나중에 30mm
NR-30) 2문을 장착한 버전. 1955년 양산이 시작됨.

MiG-19PG: Gorizont-1 지상통제 데이터링크
시스템을 장착한 MiG-19P

MiG-19S(NATO명: Farmer-C): Svod 장거리 항법
수신기와 30mm NR-30 기총 3문을 장착한 MiG-19P의
개량형. 1956년 양산 시작됨.

MiG-19R: 기수의 기총 대신에 카메라를 장착하고
출력이 증가된 RD-9BF-1 엔진을 탑재한
MiG-19S의 정찰기 버전

MiG-19SF: MiG-19R과 동일한 RD-9BF-1 엔진을
장착한 MiG-19S의 후속 양산형 버전

MiG-19SV: 정찰용 기구를 요격하기 위한 고고도용
항공기로, 1956년 12월 6일에 68,045ft
(20,740m)까지 도달함.

MiG-19SVK: 신형 주날개를 장착한 MiG-19SV.
양산되지 않았음.

MiG-19SU(SM-50): 록히드의 U-2를 요격하기 위한
고고도 버전

MiG-19PF: 레이더를 장착한 단좌의 전천후 요격 전투기.
몇 대만 생산됨.

MiG-19PM(NATO명: Farmer-E): 기총을 제거한
버전으로, 빔으로 조종되는 Kaliningrad K-5M
(NATO명: AA-1 〈알카리〉) 미사일 4발을 탑재함.
1957년에 양산됨.

MiG-19PML: Lazur 지상통데이터링크 시스템을 장착한
MiG-19PM

MiG-19PU: MiG-19SU와 비슷한 로켓 팩을 장착함

MiG-19PT: Vympel K-13(NATO명: AA-2 〈아톨〉)
미사일을 탑재한 1대의 MiG-19P

MiG-19M: MiG-19와 MiG-19S가 전환된 표적용 무인기

SM-6: Grushin K-6 개량형 공대공미사일(수호이 T-3
제트기용)과 Almaz-3 레이더를 시험하기 위하여
MiG-19 P 2대가 전환됨

SM-12: MiG-21로 개량된 신형 전투기 시제기

SM-20: Raduga Kh-20(NATO명: AS-3 〈캥거루〉)
순항미사일을 시험하기 위한 미사일 시뮬레이터.

SM-30: PRD-22 부스터 로켓을 장착한 ZELL 버전.

SM-K: Raduga K-10(NATO명: AS-2 〈Kipper〉) 순항
미사일 시험을 위한 미사일 시뮬레이터.

Avia S-105: 체코슬로바키아가 라이센스 생산
MiG-19S.

Shenyang J-6: MiG-19의 중국 생산 버전. 파키스탄
공군에서 F-6로 운용됨. F-6는 파키스탄 공군에 의해
나중에 미공군의 AIM-9 사이더와인더 미사일을
운용할 수 있도록 개조됨

1950년대 초반에는 전투기를 설계할 때 초음속 성능이 가능한 지가 유일한 관건이었다. 미국은 노스 아메리칸 사의 F-100 슈퍼세이버를 F-86을 이을 초음속 전투기로 개발하였다. 러시아에서도 비슷하게 MiG-19를 개발하였다.

이 MiG-19S는 AIM-9B를 모방한 K-13(AA-2) 미사일을 시험하기 위해 SM-9/3T라는 이름으로 개조된 것이다

미코얀 구레비치 설계부는 MiG-17의 기본 설계에 2개의 AI-5 엔진을 추가해 I-340을 생산하였다. 같은 시기에 MiG-17에 단발 엔진과 60도 후퇴익을 가진 I-350도 시험하였다. 2개의 시제기 모두 예상했던 성능에는 도달하지 못하였지만 각각의 설계에서 주요 요소들을 결합하여 I-360으로 명명한 세 번째 시제기를 개발하였으며, 1952년 5월에 최초 비행을 실시하였다.

신속한 도입

I-360은 주날개 뿌리에 37㎜ 기총과 T자형 꼬리날개를 가지고 있었다. 미코얀 구레비치 사는 설계가 개선될 수 있다고 생각하였으며, 후기연소장치가 있는 Mikulin AM-9B 신형 터보제트 엔진과 낮은 꼬리날개를 추가한 SM-9를 개발하여 1954년 2월에 최초 비행을 하였다. 그리고 모든 시험이 끝나기도 전에 소련 공산당 중앙정치국은 SM-9와 MiG-19를 주문했다.

MiG-19는 주날개가 약간 상반각을 갖고 있었으며, 각각의 날개에 커다란 펜스가 있는 후퇴익이었다. 주요 무장으로는 3문의 23㎜ 기총이었는데, 주날개 뿌리에 각각 1개씩 있었고 1개는 기수 아래쪽에 있었다. 또한 내부 연료가 제한되어 일반적으로 외부 연료탱크를 장착하였다.

성급한 임무 투입 및 미흡한 조종 성능

MiG-19는 다소 성급하게 임무에 투입되었으며, 조종성능은 그다지 좋지 않았다. 또한 엔진이 폭발하는 문제도 발생하였다. 이런 부분을 개선하여 1956년에 MiG-19S 〈파머-C〉가 생산되기 시작하였다.

연합연습 중에 미공군 장병들이 이집트 F-6를 점검하고 있다. 센양 F-6는 1990년대까지 이집트에서 운용되었다.

　레이더가 장착된 MiG-19B〈파머-B〉요격기는 공대공 무장으로 2문의 30㎜ 기총과 로켓 장착대가 있었다. 미사일을 장착한 최초의 기종은 MiG-19PM이었는데, 4발의 AA-1〈알카리〉레이더 유도 무기를 장착하였고 기총이 없었다. 조종사들은 MiG-19를 별로 좋아하지 않았다. 이 항공기는 1960년에 록히드 사의 U-2를 추락시키면서 정점을 찍었다. 요격용 MiG기 1대가 SAM에 의해 추락되었다. 1960년대에 보잉사의 RB-47 같은 미공군 및 대만의 정찰항공기들이 MiG-19의 제물이 되었다.

　중국은 1958년에 MiG-19PM을 라이센스 생산하기 시작하였고, 센양J-6으로 알려진 MiG-19S도 나중에 생산하였다. 비록 이 항공기는 쇠퇴하였지만, 통틀어 약 300대가 생산되었다. 복좌형 JJ-6(또는ft-6)는 유일한 훈련기 기종이었으며, 소련은 MiG-15UTI를 훈련기로 사용하였다. 여러 항공기가 F-6처럼 파키스탄이나 알바니아, 북한, 아프가니스탄 등에 수출되었다. 북베트남은 베트남 전쟁에서 J-6 10대를 잃었고 7대의 F-4 팬텀을 추락시켰다.

이 파키스탄 공군 비행편대의 안쪽에는 F-6과 F-6가, 바깥쪽에는 F-5가 위치하고 있다. 모든 항공기는 파키스탄 공군의 작전전환부대인 25대대 소속이다.

1971년 파키스탄의 F-6은 인도 항공기와 교전하였으며, 해당 항공기들은 1980년대에 개선되었는데, 마틴 베이커 사의 사출좌석과 AIM-9 사이드와인더를 탑재할 수 있었다. F-6은 2002년에 공식적으로 파키스탄 공군에서 퇴역하였다. 이집트와 시리아는 여러 대의 MiG-19를 보유하고 있었지만, 1967년에 이스라엘이 이들 비행기지를 공격하였을 때 여러 대가 손실되었다. 1980년부터 1988년까지의 이란과 이라크 전쟁 중에 이들 국가는 MiG-19를 사용하였다.

특별한 버전

모양이 매우 다른 버전인 Nanchang Q-5 〈Fantan〉은 지상공격용 항공기로서, 센양 J-6의 꼬리날개와 기체 후미 및 랜딩기어를 그대로 사용하였으며, 새로운 기수와 측면의 공기흡입구 그리고 비슷한 듯하지만 재설계된 주날개를 가지고 있었다. A-5라는 명칭으로 북한, 파키스탄과 방글라데시에 수출되었다.

Gloster Javelin
제블린 (글로스터 사)

제블린의 별명은 〈플랫 아이언(Flat Iron)〉이었다.
기동성능은 실망스러웠지만, 영국공군에서 미사일을 장착함에 따라
극동에서 효과적으로 사용되었다.

크기
길이, Mk 7/9/9R: 56ft 4 in (17.17m)
길이, Mk 8: 55ft 2^1/$_2$ in (16.83m)
높이: 16ft (4.88m)
날개 너비: 52ft (15.85m)
날개 면적: 927ft^2 (86.12m^2)
휠트랙: 23ft 4 in (7.11m)

추력장치
Mk 7: 11,000lb st (48.92kN) 추력의 암스트롱 시들리
    사파이어 Sa.7 터보제트 엔진 2개
Mk 8/9/9R: 암스트롱 시들리 사파이어 Sa.7R
    터보제트 엔진 2개
· 일반:11,000lb st (48.92kN), 후기연소(12%):
    12,300lb st (54.70kN) /20,000ft (6096m)

중량
Mk 7([clean] 외장시): 35,690lbs (16,188kg)
Mk 8([clean] 외장시): 37,410lbs (16,968kg)
Mk 9([clean] 외장시): 38,100lbs (17,272kg)
Mk 7(벤트랄 연료탱크 2개 장착시): 40,270lbs (18,266kg)
Mk 8(벤트랄 연료탱크 2개 장착시): 42,510lbs (19,282kg)
Mk 9하중(벤트랄 연료탱크 2개 장착시): 43,165lbs (19,578kg)
내부연료, Mk 7: 1,098 US gal (4158ℓ)
내부연료, Mk 8/9/9R: 1,141 US gal (4319ℓ)
외부연료: 전 기종이 300 US gal (1137ℓ) 컨포멀 벤트랄 탱크
    2개 장착 가능함.
보조연료탱크, Mk 7/8/9: 벤트랄 탱크, 120 US gal (454ℓ)
    탱크 4개
보조연료탱크, Mk 9R: 벤트랄 탱크, 276 US gal (1046ℓ)
    탱크 4개

성능
[clean] 외장시 최대수평비행속도(해면고도)
· Mk 7: 708mph (1141km/h), Mk 8/9: 702mph (1130km/h)
   45,000ft (13,716m)까지 상승, Mk 7: 6분 36초
   50,000ft (15,240m)까지 상승, Mk 8/9: 9분 15초
실용상승고도
· Mk 7: 52,800ft (16,039m), Mk 8/9: 52,000ft (15,849m)
최대상승고도
· Mk 7: 54,100ft (16,489m), Mk 8/9: 54,000ft (16,459m)

무장
30mm ADEN 기총 4문(기총당 100발), 파이어스트릭 IR 유도
공대공미사일 4발

"그녀는 지브롤터 요새와 같은 난공불락의 무기체계였다."
– 제블린 조종사 –

"좋은 항공기다. 제한사항은 있었지만 처음 설계된 대로 임무를 해냈다.
연료탑재나 추력이 좀 더 좋았다면 위대한 항공기가 되었을 것이다."
– 영국 공군 비행단장 브라이언 캐롤, 제블린 조종사 –

- 글로스터 사는 433대의 제블린을 생산하였으며, 이 회사가 생산한 마지막 기종이었다.
- 유로파이터 타이푼 이전에는 제블린이 영국공군의 유일한 델타익 항공기였다.
- 제블린은 영국공군에서 최초로 미사일을 장착한 요격기였다

글로스터 사 제블린 FAW.9

이 제블린 FAW.9는 서독 Geilenkirchen 영국공군기지의 제11대대 문양이 그려져 있다.
1959년에 배치되어 1967년까지 사용되었으며, 이후에 영국에 잔여 항공기가 되팔렸다.
제블린은 날개에 4문의 기총을 장착하고 있었으나 파이어스트릭 미사일을 장착할 때는 2문을
제거하였다. 동체 아래 연료탱크와 전동식 수평꼬리날개가 FAW.5 기종에 추가되었고,
작전행동반경과 기동성이 향상되었지만, 제블린은 세련되지 못한 외형과 상대적으로 미흡한
기동성능 때문에 여전히 〈드래그마스터(dragmaster)〉로 불렸다. 제11대대는 나중에 훨씬 빠른
잉글리시 일렉트릭 사의 라이트닝과 파나비아 토네이도 F 3, 유로파이터의 타이푼을 운용하였다.

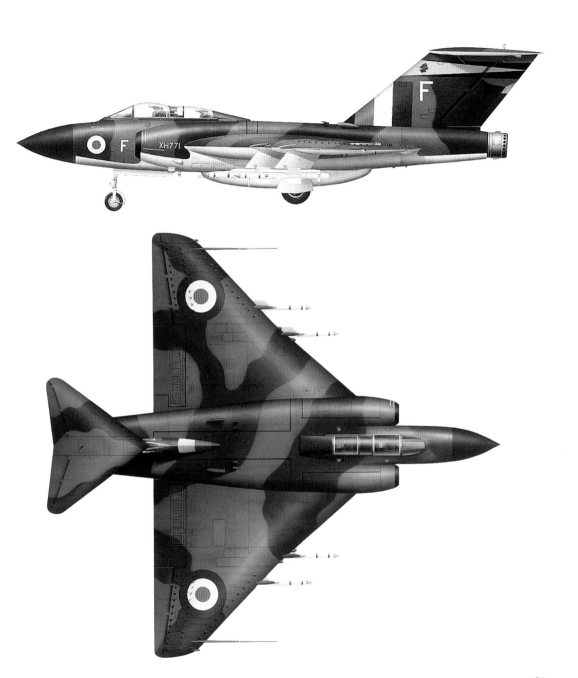

글로스터 사 제블린 – 파생형과 운용 국가

파생형

FAW 1: 각각 8,000 lbf(35.6kN) 추력의 암스트롱 시들리 사파이어 Sa 6 엔진과 브리티시 AI 17 레이더, 주날개에 4문의 30mm ADEN 기총을 탑재한 초기 버전.

FAW 2: AI 17 레이더를 미국 웨스팅하우스의 AN/APQ-43 레이더(AI-22로 명명)로 교체됨. 30대가 생산됨.

T 3: 레이더가 미탑재되어 있고, 교관 조종사의 시야를 개선하기 위하여 불룩한 캐노피를 적용한 복좌형 훈련기 버전. 전동식 수평꼬리날개. 무게중심이 변경된 것을 보상하기 위해 동체가 확장되었고, 내부 연료가 추가됨. 4문의 기총은 지속 장착됨. 22대가 생산됨.

FAW 4: FAW 2와 비슷한 기종이나 FAW 1의 AI 17 레이더를 탑재하고 있음. 전동식 수평꼬리날개와 함께 실속 특성 개선을 위해 주날개에 와류(vortex) 발생장치가 추가됨. 50대가 생산됨.

FAW 5: FAW 4 기종을 기반으로, 추가 연료탱크, 미사일 파일론(실장착 안 됨)을 위한 장치가 적용된 주날개 구조가 변경됨. 64대가 생산됨.

FAW 6: FAW 2의 미국 레이더와 변경된 FAW 5 주날개가 결합됨. 33대가 생산됨.

FAW 7: 각각 11,000 lbf(48.9kN) 추력의 신형 Sa 7 엔진이 탑재되었고 러더가 강화되었으며 후미 동체가 확장됨. 2문의 30mm ADEN 기총과 파이어스트릭 공대공미사일로 무장됨. 142대가 생산됨

FAW 8: 재가열하여 20,000ft (6100m) 이상에서 추력을 12,300 lbf(54.7kN)까지 상승시킬 수 있는 후기연소장치가 있는 업그레이드된 Sa 7R 엔진 탑재. 저고도에서 연료 공급의 제한은 추력의 손실을 야기함. 향상된 조종성능을 위해 〈축 늘어진〉 형태의 새로운 앞전과 자동 수평안정판을 적용함.

FAW 9: 총 76대의 FAW 7이 Mk 8의 변경된 주날개를 적용함.

FAW 9R: R은 〈Range〉의 약자임. 총 40대의 Mk 9이 공중급유장치를 위해 개조됨.

운용 국가

영국공군
3비행대대
5비행대대
11비행대대
23비행대대
25비행대대
29비행대대
33비행대대
41비행대대
46비행대대
60비행대대
64비행대대
72비행대대
85비행대대
87비행대대
89비행대대
96비행대대
137비행대대
141비행대대
151비행대대
영국공군 1GWTS(파이어스트릭 미사일 시범운용)
228작전전환부대

제2차 세계대전 이후 초기에 영국공군은 2가지 종류의 전투기를 배치하였는데, 그것은 시계전투용 주간전투기와 레이더가 장착된 야간전투기이다.

최초의 영국공군의 야간 제트전투기인 글로스터 사의 제블린은 드 하빌란드 사의 뱀파이어나 글로스터 사의 미티어처럼 기존에 존재한 기체를 개조한 것이 아니었다. 제블린은 깊이 있는 동체와 넓고 두꺼운 주날개를 가지고 있어서 글로스터 사의 다른 전투기들과 매우 상이하였다. 전체적인 외형 때문에 별명이 〈플랫 아이언(Flat Iron)〉이었다.

조종석이 높아서 조종사와 항법사가 조종석에 탑승하기 위해서는 특별 제작된 사다리가 필수였다.

델타익의 설계

1947년에 최초로 요구조건이 발행되고 난 이후 여러 번 수정된 요구조건을 따라서, 글로스터 사와 드 하빌란드 사는 큰 레이더를 장착하고 미사일을 운용할 수 있는 전투기를 경쟁적으로 설계하였다. 드 하빌란드 사의 D.H. 110은 해군용 시 빅센(Sea Vixen) 전투기의 토대가 되었지만, 글로스터 사의 델타익 설계로 인하여 영국공군의 주문에서 밀려났다.

1951년 11월에 글로스터 사의 GA 5는 최초 비행을 실시하였다. 이 항공기는 양산형 제블린과 비슷하였지만 레이더나 무기는 탑재하지 않았다. 후방석은 금속 후드로 덮여 있었고 항법사가 바깥을 볼 수 있도록 작은 창만 나 있었다. 이것은 나중에 투명한 캐노피로 바뀌었다.

영국의 여러 실험적 프로그램들은 델타익이 고속비행을 위한 최적의 설계라는 것을 지적하고 있었다. 그러나 안타깝게도 GA 5가 최초 비행을 할 때까지 이런 실험 중 어느 하나도 완료되지 않았다. GA 5의 주날개는 과도하게 두꺼워서 구조적으로 내구성

제블린은 꽤 짧은 기간 동안 문양을 9번이나 바꿨다. 이 항공기는 미사일 대신 기총으로 무장한 FAW 10이다.

은 훌륭하였으나 기동성능은 떨어졌다. 그럼에도 불구하고 GA 5(양산형으로 선택되고 난 후 제블린으로 명명됨.)는 양산형 항공기와는 달리 초음속 비행이 가능하였다.

어색한 진화

실제 작전 가능 항공기인 FAW 7이 레이더와 무기통제시스템, 미사일 등을 장착하고 배치되기 전까지는 영국공군에 제블린은 6대밖에 도입되지 않았으며, 최초의 파이어스트릭 미사일은 1960년에 사용되었다.

FAW 9 기종은 후기연소장치가 있는 엔진을 탑재하고 있었으나 연료펌프의 최대 공급량에 있어서 심각한 제한이 있었다. 후기연소 시스템의 과다한 연료소비는 엔진 중심부분에 연료공급을 부족하게 만들었고, 이로 인하여 전체적으로 추력이 증가하기보다는 감소하는 문제가 발생하여, 착륙을 포함하는 저고도 상태에서 후기연소 시스템을 사용하는 것이 금지되었다. 또한 비행역학적인 결함도 있었는데, 기수를 급하게 들어 올리게 되면 주날개가 수평꼬리날개로의 공기흐름을 막아 항공기가 조종 불능상태에 이르기도 하였다. 이런 문제로 인하여 여러 번의 비행사고가 발생하였다.

FAW 7과 이후 기종들은 50lbs (22.7kg) 탄두를 가진 파이어스트릭 적외선 유도미사일 4발을 장착할 수 있었다. 초기의 제블린들은 30mm 아덴 기총 4문을 장착하고 있었

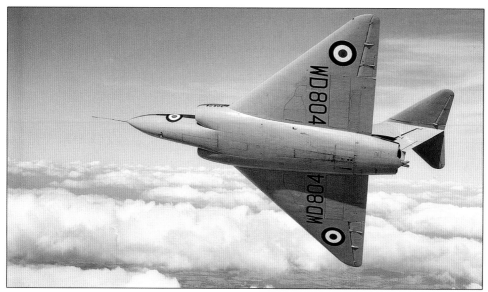
제블린의 GA 5 시제기가 특유의 평면 모습을 보여주고 있다. 이 항공기는 7개월간의 시험비행을 통해 비행사고에서 벗어날 수 있었다.

는데, FAW 7 기종부터는 2개가 제거되었다. 그럼에도 불구하고 그 시기에 제블린은 표적을 상당히 먼 거리에서 잡을 수 있었으며 단거리에서도 홀로 공중전을 할 수 있을 만큼 가장 중무장한 전투기 중 하나였다.

해외 배치

자국의 하늘을 지키는 임무와 함께 제블린은 극동에도 배치되어 인도네시아와 대치상황에서 임무에 투입되었다. 1964년 인도네시아 공군의 C-130 헤라클레스가 제블린을 피하려다 추락하였다는 이야기가 있었는데 세부적인 내용은 알기 어려웠다. 그 얘기가 만일 사실이라면 이것은 영국공군 조종사가 영국공군 항공기를 사용하여 얻은 최후의 공중 승리일 것이다. 제블린은 터키와 로디시아(지금의 잠바브웨)의 긴장상태에서 키프로스와 잠비아로도 배치되었다. 마지막까지 운용하였던 제블린은 1968년 싱가폴 텡가에서 퇴역하였다. 그러나 마지막 한 대는 1976년까지 시험용으로 사용되었다.

Convair F-102 Delta Dagger
F-102 델타 대거 (컨베어 사)

컨베어 사의 F-102는 개발 단계에서 일상적인 수준 이상으로 문제가 많았지만
그런 문제들이 모두 개선된 이후 당대 가장 많이 생산된 미국의 요격기로 등극하였다.
또한 이 전투기로 인해 무기체계로서의 전투기 시대가 시작되었다.

F-102A 델타 대거 제원

크기
길이: 68ft 4¹/₂ in (20.82m)
날개 너비: 38ft 1¹/₂ in (11.60m)
높이: 21ft 2¹/₂ in (6.45m)
날개 면적: 695ft² (64.56m²)

추력장치
Pratt & Whitney J57-P-23 터보제트 엔진 1개
· 일반: 11,700lbs (53kN),
  후기연소: 17,200lbs (77kN)

중량
자체중량: 19,350lbs (8777kg)
[clean] 외장의 정상중량: 27,700lbs (12,565kg)
요격 무장 장착시: 28,150 lb (12,769kg)
최대이륙중량: 31,500lbs (14,288kg)

연료
최대내부연료: 1,085 US gal (4107ℓ)
215 US gal (814ℓ) 보조연료탱크 2개 장착시:
  1,515 US gal (5735ℓ)

성능
최대속도: 825mph (1328km/h) / [clean]
  외장시 40,000ft (12,190m)에서
정상순항속도: 540mph (869km/h) /
  35,000ft (10,670m)에서
실속속도: 154mph (248km/h)
실용상승고도: 54,000ft (16,460m)
전투행동반경: 500마일(805km) / 215 US gal (814ℓ)
  보조연료탱크 2개, 최대무장시
최대항속거리: 1,350마일(2,173km)
초기상승률: 17,400ft (5304m)/분

무장
AIM-4C 팰컨 적외선유도 공대공미사일 3발과 AIM-26A
팰컨 핵탄두 공대공미사일 1발, 또는 AIM-4A/E 레이더
유도 미사일 3발과 AIM-4C/F 적외선유도 공대공미사일
3발, 또는 2.75 in (70mm) 비유도 FFAR 로켓 24발

노스다코타 주의 〈해피 훌리건〉은 미 주방위공군에서 운용한 F-102A이다.
브레이크 낙하산이 작동되면서 에어브레이크의 효과가 증대되었다.

- F-102A 델타 대거는 최초로 운영된 델타익 항공기였다.
- F-102는 개발 중에 〈1954 임시 요격기〉로 명명되었지만 1956년까지도 운용되지 못하였다.
- 복좌형 TF-102A 111대를 포함하여, 총 1,000대의 델타 대거가 주문되었다.

컨베어 사 F-102 델타 데거

F-102A는 독일 비트버그 비행기지의 제86항공사단 제525전투요격대대 등을 포함하여 유럽에
위치한 미국공군의 여러 비행대대에 배치되었다. 무장탑재실은 열려져 있는 상태이고, AIM-4
팰콘 미사일은 보이고 있으며, 이 대대의 〈듀스〉 항공기는 1959년 후반에 미국으로 반환되어
미 주방위공군에 배치될 때까지 10년간 유럽에서 사용되었다.
1978년에 PQM-102A 무인기로 전환되어 1980년 5월에 있었던 미사일 시험에서 파괴되었다.

U.S. AIR FORCE FC-III

61111

129

컨베어 사 F-102 델타 데거 – 파생형과 운용 국가

파생형

YF-102: 시제기. 면적법칙이 미적용된 기체.
14,500 lbf(64.5kN) J57-P-11 엔진 탑재.
2대가 생산됨.

YF-102A: 면적법칙이 적용된 시제기.
16,000 lbf(71.2kN) J57-P-23 엔진 탑재.
4대가 선행양산형 항공기에서 전환됨.

F-102A: 양산형 모델. 면적법칙이 미적용된 기체로
초기 8대의 선행양산형 항공기가 생산됨.
잔여 항공기(879대)는 면적법칙이 적용됨.

TF-102A: 복좌형 훈련기 버전. 111대가 생산됨.

F-102B: F-106A의 초기 명칭.

F-102C: 전술공격기 버전으로 제안되었으며,
J57-P-47 엔진을 탑재함. 2대가 기술시험용으로
YF-102C로 전환됨.

QF-102A: F-102A에서 전환된 표적기. 6대가 생산됨.

PQM-102A: 표적용 무인기. 65대가 전환됨.

PQM-102B: 개조된 표적용 무인기로 원격이나
조종석 내 조종사가 조종할 수 있음.
146대가 전환됨

운용 국가

그리스: 미국의 잉여재고 항공기로 제공받은
F-102A 20대, TF-102A 6대

터키: 미국의 잉여재고 항공기로 제공받은
F-102A 35대, TF-102A 8대

미공군의 아이슬란드 비행기지 제57전투요격대대 소속의 F-102A 한 대가 팰콘 미사일을 발사하고 있다. 방공사령부 델타 대거는 대게 북부기지에 배치되어 소련의 폭격기가 북극지역에 접근하는 것을 방어하는 임무를 담당하였다.

1948년에 컨베어 사의 XP-92는 최초로 비행한 델타익 항공기였다. 이 항공기는 기본실험용 제트 기로서 기수에 공기흡입구와 튼튼한 뼈대가 있는 캐노피를 가진 항공기였다. 항공기의 형태는 독일 엔지니어인 알렉산더 립프시(Alexander Lippisch)의 설계를 기반으로 하였는데, 이 사람은 제2차 세계 대전 당시 델타익 글라이더를 실험하였으나 나치가 패배할 때까지 제트기 프로젝트를 끝마치지 못 한 상태였다. 제안된 F-92 전투기는 취소되었지만 1951년에 미국공군은 초음속 전투기 프로그램을 위해 크기가 확대되고 수정된 컨베어 사의 설계를 채택하였다.

F-102는 전투기보다는 무기체계로 사용될 예정이었다. 기체 내 전자장비가 지상 레이더와의 데이터링크를 통해 조종사가 정교한 미사일의 발사 지점을 지시하도록 만들어질 예정이었다. 그러나 이 프로젝트의 일부를 담당하였던 휴즈 일렉트로닉 사의 문제로 인하여 야심찬 계획은 지연되었다. 더욱이 풍동실험 결과, 이 항공기 설계로는 수평비행에서 초음속 비행이 불가능할 것으로 나왔으며, 실제로 1953

YF-102 시제기는 오직 외관상으로만 뒤이어 등장한 델타 대거와 비슷하였다. YF-102가 초음속 돌파에 실패하자 모든 항공기의 설계가 변경되었다.

년 10월에 첫 번째 YF-102 시험기가 비행하였을 때 사실로 밝혀졌다.

세련된 설계

1955년 6월에(신형 요격기의 운영 예정일을 1년 넘기고) 출현하여 드디어 비행을 시작한 F-102A는 길어진 기체와 가늘고 잘록한 허리, 크고 얇아진 날개 및 새로운 캐노피를 가지고 있었다. 1956년 5월에 첫 항공기가 군에 인도된 이후에, 수직안전판의 높이가 높아졌다.

F-102A 델타 대거의 무장으로는 내부 무장탑재실에 4발의 AIM-4 팰콘 미사일과 무장탑재실 도어 안쪽 라운처에 3인치(76㎜) 또는 2.75인치(70㎜)의 날개 접이식 항공기용 로켓(FFAR)을 장착하였다.

TF-102A는 좌석은 특이하게 병렬식의 복좌형이었는데, 이는 자연스럽게 항공기의 성능을 수평에서 마하 1 미만으로 감소시켰다. TF-102A는 F-102A처럼 완전한 화력통제시스템을 갖추고 있지는 않았지만 동일 무장을 운용할 수는 있었다.

운용 역사

미 본토 방어임무를 위해 방공사령부로 배치되었지만, 몇 대의 F-102A와 TF-102A는 1962부터 1969년까지 북베트남의 공격으로부터 월남을 지키기 위하여 태국과 월남에 배치되기도 하였다. 주로 B-52의 엄호 임무로 사용되었지만 '호치민 트레일' 상의 트럭이나 모닥불과 같은 열원을 IR 팰콘 미사일로 공격하기도 하였다. F-102 1대가 전쟁 중 미코얀 구레비치 사의 MiG-21에 의해 격추되었다.

F-102의 계기판은 레이더 디스플레이를 감싸고 있는 고무덮개가 특징적이다.

그리스와 터키는 델타 대거의 유일한 수출국이었는데, 1968부터 1969년 사이에 미공군 잉여 항공기를 제공받았다. 1974년에 양국은 키프로스에서 충돌하였으나 양국의 F-102끼리는 교전이 발생하지 않았고, 터키 델타 대거 2대가 그리스의 노스롭 F-5A에 의해 격추당하였다. 1979년에 양국 공군은 F-102를 퇴역시켰다.

미국에서 델타 대거는 여러 미 주방위공군 비행대대에서 마지막까지 사용된 후 1977년에 퇴역하였다. 많은 항공기가 1970년대 중반부터 1986년까지 PQM-102 무인기로 전환되어 미사일 실험용으로 격추되었다.

Douglas A-4 Skyhawk
A-4 스카이호크 (더글라스 사)

1세대의 전술 핵무기를 운용할 수 있었던 경공격기인 스카이호크는
다목적 항공기로 진화하여, 근접항공지원 임무와 항모 및 지상기지에서
운용 가능한 전투기 방어 임무 등을 수행할 수 있었다.

A-4M 스카이호크 제원

크기
동체길이: 40ft 3¹/₂ in (12.29m)
높이: 15ft (4.57m)
날개 너비: 27ft 6 in (8.38m)
날개 면적: 260.00ft² (24.15m²)

추력장치
Pratt & Whitney J52-P-408A 터보제트 엔진 1개 /
  11,200lb st (49.80kN) 추력

중량
자체중량: 10,465lbs (4747kg)
최대이륙중량: 24,500lbs (11,113kg)

연료 및 탑재 중량
내부연료 탑재량: 800 US gal (3028ℓ)
외부연료 탑재량: 1,000 US gal (3786ℓ)

성능
최대속도(해면고도): 685mph (1102km/h)
최대상승률(해면고도) 10,300ft (3140m)/분
실용상승고도: 38,700ft (11,795m)
전투행동반경: 345마일(547km) / 4,000lbs (1814kg)
  무장 장착시

무장
Colt Mk 12 20mm 기총 2문(기총당 200발), 5개의
외부 하드포인트에 9,155lbs (4153kg) 무장 장착

"내가 아는 모든 조종사는
 A-4의 모든 모델을 조종하는 것을 사랑하였다."
– 미해군 A-4 조종사 메레디스 "Pat" 패트릭 –

● 스카이호크는 미해군에서 1954년부터 사용되어 2005년에 퇴역하였다.
● 스카이호크는 항모용 제트기 중에서 유일하게 접이식 날개가 적용되지 않은 항공기다.
● A-4는 무장과 연료를 뺀 기체 자체의 중량보다도 더 많은 무장을 탑재할 수 있었다.

더글라스 사 A-4E 스카이호크

A-4E는 A-4A, B, C 기종의 라이트 J65엔진보다 더 강력하고 신뢰성 있는 Pratt & Whitney
J52 엔진을 장착한 초기 스카이호크였다. 추력이 증가되고 주날개에 파일론 2개가 추가되어
무장을 더 탑재할 수 있었다. 미해군 VA-72 〈블루호크(Blue Hawks)〉 비행대대 소속의
A-4E가 6발의 500lbs 〈스네이크아이(Snakeye)〉 폭탄을 장착하고 있다.
1965년에 전투기와 비행대대는 미 항공모함 인디펜던스 호에서 베트남전 임무를 수행하였다.
이 항공기는 여러 다른 비행대대를 거쳤으며, 1970년 5월에 공중급유 후 엔진 이상으로
추락하였다.

더글라스 사 A-4E 스카이호크 – 파생형

XA4D-1: 시제기.

YA4D-1(YA-4A, 이후 A-4A): 시제기 및 선행양산형 항공기.

A4D-1(A-4A): 초기 양산형 버전. 166대가 생산됨.

A4D-2(A-4B): 공중급유능력을 갖춘 강화된 항공기.

A-4P: 아르헨티나 공군에 판매된 재생 A-4B.

A-4Q: 아르헨티나 해군에 판매된 재생 A-4B.

A-4S: 싱가포르 공군을 위한 50대의 재생 A-4B.

TA-4S: 7대의 A-4S 훈련기 버전.

A4D-3: 발전된 항공전자 버전으로 제안됨. 미생산됨.

A4D-2N(A-4C): A4D-2의 야간/악천후 버전. 638대가 생산됨.

A-4L: 미 해병 예비군 및 미해군 예비군을 위한 재생 A-4C.

A-4S-1: 싱가포르 공군을 위한 50대의 재생 A-4C

A-4SU 슈퍼 스카이호크: 싱가포르 공군을 위한 개조된 A-4S

A-4PTM: 말레이시아 공군을 위해 A-4M의 특성을 통합하여 재정비된 40대의 A-4C 및 A-4L.
(〈PTM〉은 〈Peculiar to Malaysia〉의 약자임)

A4D-4: 신형 주날개를 장착한 장거리용.

A4D-5(A-4E): A4D-5(A-4E): Pratt & Whitney사의 8,400 lbf(37kN) 추력의 신형 J52-P-6A 엔진을 포함하는 주요 부분이 업그레이드됨. 499대가 생산됨.

A4D-6: 제안만 되고 미생산됨.

A-4F: 동체 뼈대 안에 여분의 항공전자장비가 탑재된 개조형 A-4E. 147대가 생산됨.

A-4G: 호주해군을 위한 A-4F 버전.

A-4H: A-4F를 기반으로 하는 이스라엘 공군용 90대

A-4K: 뉴질랜드 공군용 10대

A-4M: 향상된 항공전자장비와 11,200 lbf(50kN) 추력의 J52-P-408a 엔진, 확장된 조종석, IFF 체계 등을 탑재한 해군 버전. 이후에 TV와 레이저 표적 추적기가 있는 AN/ASB-19 폭탄투하시스템(ARBS)을 장착함. 158대가 생산됨.

A-4N: 이스라엘 공군을 위한 117대의 개조형 A-4M

A-4KU: 쿠웨이트 공군을 위한 30대의 개조형 A-4M. 브라질이 중고 20대를 구매하여 AF-1으로 명명함. 현재 브라질 해군 항모에서 운용.

A-4AR: 아르헨티나를 위한 36대 재정비된 A-4M. 파이팅호크로 알려짐.

A-4Y: ARBS를 장착한 A-4M의 수정 명칭. 미해군 또는 해병대는 명칭을 적용하지 않았음.

미해군 VA-164 〈고스트 라이더〉 비행대대 소속의 A-4E가 스카이호크의 우수한 무장탑재 능력을 보여주고 있다.
사진 상의 항공기는 AGM-12 불펍 공대지미사일과 500lbs (227kg)의 폭탄을 장착하고 베트남에서 임무를 수행하고 있다.

　1952년 더글라스 사는 새로운 세대의 전술 핵폭탄을 운용할 수 있는 경공격폭격기 개발 계약을 따냈다. 이후 항공기 무게를 줄이려는 조심스러운 시도를 통해 항공기 자체중량보다도 더 많은 양의 무장을 탑재할 수 있는 항공기를 백만 달러 이하의 비용으로 개발하여 인도할 수 있었다.

　XA4D-1 스카이호크는 1954년 6월에 첫 비행을 실시하였다. 1962년에 변경된 명칭체계가 도입되면서 A4D-1, A4D-2와 A4D-2N은 각각 A-4A, A-4B와 A-4C로 변경되었다. 초기의 모든 기종들은 암스트롱 시들리 사파이어 엔진의 변형인 라이트 J65 엔진과 간단한 항법장비 및 공격용 항공전자장비를 장착하고 있었다. 또한 모든 A-4 항공모함 탑재를 위한 접이식 날개를 적용하지 않고 일체형 주날개를 적용하고 있었다

실전에서의 비행

　초기의 A-4 항공기들은 최소한 한 개의 외부연료탱크를 장착하였으며, 나머지 한 개의 파일론에는 공대지나 공대공 무장을 장착할 수 있었다. A-4E(A4D-5)는 두 개의 파일론을 추가하여 미사일과 폭탄, 로켓 등을 장착할 수 있게 하였다. 1960년

대 초반 AIM-9를 장착한 스카이호크는 대잠수함용 소형 항공모함을 적 전투기로부터 방어하기 위하여 사용되었다. 동남아시아와 중동에서의 스카이호크는 전통적인 지상공격 임무와 근접항공지원 임무를 수행하였으며, 적 항공기와 여러 차례 교전도 있었다. 흥미로운 것은 스카이호크가 공대지 무장을 활용하여 여러 대의 적기를 파괴하기도 하였다는 것이다. 베트남전에서는 지상공격 임무 중이던 조종사가 비유도 로켓으로 미코얀 구레비치 사의 MiG-17을 격추시켰으며, 1970년에는 이스라엘 A-4 조종사가 시리아의 〈프레스코〉 두 대를 한 대는 로켓으로, 한 대는 기총으로 격추시킨 적이 있다.

임무 기간의 연장

A-4는 1980년대에서부터 1990년대까지 수행된 여러 업그레이드 프로그램을 통해 수명을 연장하였으며, 공대공 능력도 향상시켰다. 디지털 전자기기의 발전으로 인해 작은 스카이호크의 기수에 다기능 레이더를 장착하였으며, 록히드마틴의 F-16과 같은 전투기에 사용되는 디스플레이 화면과 조종장치를 조종석에 적용하였다. 뉴

1차 걸프전이 시작된 1990년 이라크가 쿠웨이트를 침략하였을 당시, 쿠웨이트의 A-4KU는 여러 대의 이라크 헬리콥터를 파괴한 후 사우디아라비아로 옮겨졌다.

TA-4F 복좌형 스카이호크도 전투가 가능했다. 미해병은 이 항공기를 고속 전방항공통제기로 사용하였다.

질랜드는 〈카후〉 프로젝트를 통하여 F-16A의 APG-66 레이더를 뉴질랜드 공군의 A-4K와 TA-4K기종에 도입시켰으며, 아르헨티나가 레이더를 ARG-1로 명명하듯이, 스카이호크는 A-4AR과 TA-4AR로 명명하였다. HUD와 연동되는 신형 레이더는 A-4가 AIM-9L와 같은 새로운 전방향 사이드와인더 미사일을 운용할 수 있도록 하였다. 이전에 쿠웨이트에서 사용되었던 브라질의 중고 스카이호크는 브라질 유일의 항공모함인 상파울로 호를 적 전투기로부터 방어하기 위하여 사용되고 있으나, 레이더를 장착하고 있지는 않다. 향후에 이탈리아의 셀렉스 레이더가 장착되는 업그레이드 작업이 이루어질 것이다.

Chance Vought F-8 Crusader

F-8 크루세이더 (챈스 보트 사)

크루세이더는 동시대 전투기들과 비교하여 기동성능이 뛰어나
진짜 전투조종사의 항공기로 인정받았다.
미국 전투기 중 베트남전에서 손실 대비 적기 격추율이 가장 높았으며,
지상과 해상에서 운용되었다.

F-8E 크루세이더 제원

크기
길이: 54ft 6 in (16.61m)
높이: 15ft 9 in (4.80m)
날개 너비: 35ft 2 in (10.72m)
날개 면적: 350ft² (35.52㎡)

추력장치
Pratt & Whitney J57-P-20A 터보제트 엔진 1개
· 일반: 10,700lbs (48.15kN),
  후기연소: 18,000lb st (81kN)

중량
자체중량: 17,541lbs (7957kg)
총중량: 28,765lbs (13,048kg)
전투중량: 25,098lbs (11,304kg)
최대이륙중량: 34,000lbs (15,422kg)

성능
최대수평속도
· 해면고도: 764mph (1230km/h)
· 40,000ft (12192m): 1,120mph (1802km/h)
순항속도: 570mph (917km/h)
실속속도: 162mph (261km/h)
분당 상승률: 31,950ft (9738m)
실용상승고도: 58,000ft (17678m)
전투상승고도: 53,400ft (16276m)

운용거리
항속거리: 453마일(729km)
최대항속거리: 1,737마일(2795km)

무장
Colt-Browning(20mm) Mk 12 기총 4문(기총당
144발), AIM-9 사이드와인더 공대공미사일 4발,
또는 250lbs (113kg 폭탄) 12발, 또는 500lbs (227kg)
폭탄 8발, 또는 Zuni 로켓 8발, AGM-12A 또는
AGM-12B 불펍 A 공대지미사일 2발

"우리가 F-8을 비행하지 않는다면 우리는 더 이상 전투조종사가 아니다."
– 크루세이더 조종사들의 슬로건 –

- 크루세이더는 항모 갑판에 저속으로 착륙할 수 있도록 날개에 다양한 기능을 갖추고 있다.
- F-8은 수평비행으로 초음속을 돌파한 최초의 함재기이다.
- F-8의 별명은 〈MiG-마스터〉와 〈최후의 기총 전투기〉였다.

챈스 보트 사 **F-8** 크루세이더

비록 지상공격용으로 설계되지는 않았지만, F-8은 베트남전 중에 미해병대에서 효과적인 폭격기로 사용되었다. 미해병 전천후 전투기 대대인 VMF(AW)-235 소속의 화려한 색채의 F-8E는 1968년에 월남의 다낭에 배치되어 있었다. 이 F-8은 8발의 Mk 82 500lbs (227kg) 폭탄과 8발의 127㎜ 주니 로켓을 장착하고 있다. 로켓은 크루세이더가 AIM-9 4발을 장착할 수 있도록 개발된 〈Y〉 라운처에 장착되었다.

보트 사 F-8 크루세이더 - 파생형

XF8U-1(XF-8A): 최초 생산된 비무장 시제기

F8U-1(F-8A): 최초 양산형 버전. J57-P-12 엔진이
　더 강력한 J57-P-4A 엔진으로 교체되었으며, 31번째
　항공기부터 양산되었음. 318대가 생산됨.

YF8U-1(YF-8A): F8U-1 전투기 1대가 개발시험에
　사용됨.

YF8U-1E(YF-8B): F8U-1 1대가 F8U-1E 시제기로
　전환됨.

F8U-1E(F-8B): AN/APS-67로 인하여 제한적인
　전천후 능력이 추가됨. 최초 비행: 1958년 9월 3일.
　130대가 생산됨.

XF8U-1T: XF8U-2NE 1대가 복좌형 훈련기로서의
　평가를 위해 사용됨.

F8U-2(F-8C): 후기연소장치가 있는 16,900 lbf(75kN)
　추력의 J57-P-16 엔진이 탑재됨. 최초 비행: 1957년
　8월 20일. 187대가 생산됨. 이 버전은 때때로
　크루세이더 II로 분류됨.

F8U-2N(F-8D): 전천후 버전, 비유도 로켓이 보조연료
　탱크로 교체 되었으며, 후기연소장치가 있는
　18,000 lbf(80kN) 추력의 J57-P-20 엔진이 탑재됨.
　최초 비행: 1960년 2월 16일. 152대가 생산됨.

YF8U-2N(YF-8D): F8U-2N 개발에 이용된 항공기

YF8U-2NE: F8U-1이 F8U-2NE 시제기를 위해 전환됨.

F8U-2NE(F-8E): J57-P-20A 엔진과, 확장된 기수
　안에 AN/APQ-94 레이더를 탑재함.
　최초 비행: 1961년 6월 30일. 286대가 생산됨.

F-8E(FN): 프랑스 해군용 공중우세 전투기 버전으로,
　슬랫과 플랩 작동 각도가 더 커짐에 따라 날개의 양력이
　증가되었으며, 경계층 제어 시스템이 추가되었고,
　스테빌레이터(stabilator)가 더 커짐. 42대가 생산됨.

F-8H: 기체와 랜딩기어가 강화된 F-8D.

F-8J: F-8D와 비슷하나 주날개가 개조됨 F-8E의
　업그레이드형. 136대가 생산됨.

F-8K: 불펍 미사일이 운용 가능하고 J57-P-20A
　엔진을 탑재한 F-8C의 업그레이드형.

F-8L: 날개 아래 무장 장착대를 갖춘 F-8B의
　업그레이드형. 61대가 개량됨.

F-8P: 분해검사를 통하여 운용주기를 10년 늘린 프랑스
　해군의 F-8E(FN) 17대. 1999년에 퇴역함.

F8U-1D(DF-8A): 퇴역한 F-8A가 SSM-N-8
　레귤러스 순항 미사일 시험을 위해 통제기로 개조됨.

DF-8F: 퇴역한 F-8A가 표적 견인용으로 개조됨.

F8U-1KU(QF-8A): 퇴역한 F-8A가 원격조종
　표적기로 개조됨.

YF8U-1P(YRF-8A): 시제기가 F8U-1P 사진정찰용
　항공기로 사용됨.

RF-8G: 현대화된 RF-8A.

XF8U-3 Crusader III: F-4 팬텀 II와 경쟁하기 위해
　F-8 초기형을 기초로 새롭게 설계됨.

전천후 F8U-2N 크루세이더는 1960년에 첫 비행을 실시하였다. 1962년 이후 명칭 체계가 변경됨에 따라 이 항공기는 F-8D로 불렸다.

크루세이더는 미해군이 초음속 비행이 가능한 함재전투기가 필요함에 따라 1952년에 탄생하였다. 1955년 3월에 XF8U-1 시제기가 첫 비행을 실시하여 음속을 돌파하였다. 항공기 명은 1962년 이전 미해군 의 명칭 체계를 따른 것으로, 챈스 보트 사가 8번째로 설계한 전투기를 의미하였다(나중에 이 회사를 표시하는 알파벳이 〈U〉자로 지정되었다). 1962년 10월부터 명칭 체계가 재정비되어 F8U가 F-8으로 변경되었다. 항공기 개발을 위한 시험과 분석이 신속히 진행되었고, 나중에 〈크루세이더〉로 불리게 되는 F8U-1은 최초 비행을 실시하고 2년 뒤에 작전운용이 가능하였다. 함대에서 실작전에 투입되는 기간보다 개발하는데 더 많은 시간이 걸리는 다른 전투기(보트 사의 F7U 커틀라스 포함)와 상당히 대조적이었다.

크루세이더는 긴 기체와 짧은 랜딩기어를 가지고 있었다. 가변 붙임각 날개는 이착륙시 들어올려져서 기체를 수평자세로 유지하면서도 높은 받음각 상태를 만들어 양력을 높일 수 있었다. 이로 인하여 전투기 꼬리부분이 갑판을 손상시키지 않도록 하였고, 조종사가 더 좋은 전방시야를 확보할 수 있도록 하였다. 엔진은 가장 성공적인 미국 제트엔진 중 하나이며, 노스 아메리칸 사의 F-100 슈퍼 세이버 전투기부터 보잉의 B-52 폭격기와 보잉 707 민항기에도 사용된 Pratt & Whitney J57 터보제트 엔진을 탑재하였다.

F-8은 전방 동체에 4개의 20㎜ 기총으로 무장하고 있었다. 초기 모델들은 16발의 로켓을 스피드브레이크에 장착하고 있었다. 2발 또는 4발의 사이드와인더 미사

일이 기본적인 공대공 무장이었고, 특히 미해병대는 베트남전에서 폭탄과 공대지 로켓도 많이 사용하였다. AGM-12 불펍 공대지미사일도 장착이 가능하였지만, 실제 많이 사용되지는 않았다.

속도 신기록 수립

작전에 투입되기도 전인 1956년 12월에 속도에서 신기록을 수립하였다. 크루세이더는 최초의 공식적인 미국 비행에서 시속 1,000마일을 돌파하였으며, 서해안에 있는 항공모함에서 동해안에 있는 항공모함까지 비행하면서 로스앤젤레스부터 뉴욕까지 3시간 반만에 비행하는 기록을 세웠다.

사진정찰기인 RF-8 크루세이더가 항공모함 갑판에서 터치 앤 고(Touch and Go, 착륙 직후 재이륙) 훈련을 하고 있다. 소형 항공모함에서 항공기 운영이 가능하게 해준 가변 붙임각 날개가 보인다.

비록 안전마진(saftey margin)이 작고 몇 건의 비행사고가 있긴 하였지만, 팬텀과 달리 크루세이더는 〈에섹스〉급의 작은 항공모함에서도 비행을 할 수 있었다. 베트남전에서 F-8은 항공모함에 대한 공중방어 및 엄호 임무를 수행하였으며, 해병대 지상 비행대대에서도 운용되었다. 사진정찰기인 RF-8 버전은 표적 정보와 공격 이후의 전투피해평가(BDA)를 제공하였다.

딕 벨린저(Dick Bellinger) 사령관은 베트남전에서 화려한 색상의 F-8 조종사 중 한 명이었다. 1966년 10월에 그는 MiG-21을 격추시킨 첫 해군조종사가 되었다.

전투에서의 성공

공중전에서 크루세이더는 19대의 북베트남 MiG를 격추시켰으며, 이 중 4대는 기총으로 격추시켰다. 반면 F-8 4대가 근접교전에서 손실되었다.

프랑스는 신형 크루세이더의 유일한 고객이었으며, 1962년에 42대를 주문하였다. 이들 F-8E(FN)는 날개 붙임각이 높고, 수평꼬리날개가 넓었으며, 경계층 제어 시스템을 갖추고 있었는데 이는 엔진의 고온압축공기를 플랩 위로 내보내 이륙시 추가 양력을 얻는 방식이다. 이런 변경사항으로 인하여 프랑스의 소형 항공모함인 클레망소(Clemenceau) 호와 포슈(Foch) 호에서도 비행을 할 수 있었다. 1980년대 후반부터는 F-8P(〈P〉는 prolong(연장)을 의미함)로 명칭이 변경되었고, 1999년까지 비행대대에서 운용되었다.

필리핀은 1977년에 지상기지에서 운용하기 위하여 F-8H(F-8P라고도 불림) 25대를 구입하였다. 그러나 이곳의 습한 날씨는 항공기에 좋지 않은 영향을 미쳤고 운영 신뢰도가 떨어졌다. 1991년에 마지막 항공기가 퇴역하였다.

McDonnell F-101 Voodoo

F-101 부두 (맥도널 사)

부두는 가장 크고 무거운 요격기 중 하나였다.
넓은 작전 행동 반경과 핵탄두 미사일은 냉전시절 구소련에 대항하여
북미지역 북방을 방어하는 효과적인 방어수단이었다.

RF-101C 부두 제원

크기
길이: 69ft 3 in (21.1m)
높이: 18ft (5.49m)
날개 너비: 39ft 8 in (12.09m)
날개 면적: 368ft² (34.19m²)

추력장치
Pratt & Whitney J57-13 터보제트 엔진 2개 /
    후기연소시 14,880lbs (66.2kN) 추력

중량
자체중량: 25,610lbs (11,617kg)
적재중량(clean 외장): 42,550lbs (19,300kg)
최대중량(탱크 2개 장착시): 48,720lbs (22,099kg)
날개탑재중량: 130.8 lb/ft² (638.6kg/sqm)
동력하중: 1.6 lb/lb st (1.6kg/kgp)

성능
최대속도([clean] 외장시): 마하 1.7(1,120mph,
1802km/h)
실용상승고도: 52,000ft (15,850m)

운용거리
· 고고도에서 내부연료만 탑재시: 1,890마일
  (3040km)
· 375 US gal (1705 ℓ) 보조연료탱크 2개 장착시:
  2,400마일(3862km)

무장
핵전쟁 상황시 핵폭탄 1발을 중앙 하드포인트에
장착할 수는 있으나, 원래 무장장착은 불가하였음.

"이 항공기는 엄청난 추력을 가지고 있었으며, 조종성도 좋았지만,
저고도에서는 야생마 등에 올라타는 것처럼 조종이 쉽지 않다."
– 미공군 부두조종사 밥 리틀(Bob Little), 1957년 –

- 비록 미국이 설계하였지만, 부두는 캐나다에서 작전 투입된 것으로 더 기억된다.
- 부두는 공격기, 전투기, 정찰기와 전자전기로 사용되었다.
- 유일하게 전투를 치른 부두 기종은 RF-101 정찰기종이었다.

맥도널 사 F-101 부두

캐나다 공군의 410 〈쿠거〉 비행대대 소속의 이 CF-101B는 1961년에 미국에서 제공한
66대의 부두 중 한 대다. 캐나다 공군의 부두는 AIR-1 지니 미사일로 무장되었는데, 전방
동체의 파일론에 2발이 장착되어 있는 것을 볼 수 있다. 미사일은 원칙적으로는 미국정부
소유였고 위기상황 발생시 캐나다로 통제권이 넘어갔다. CF-101B는 F-101B와 거의
동일하였으나 추가적인 장비가 있었는데, CF-101F는 이중 조종장치를 가지고 있었다.
캐나다 공군의 410 비행대대는 주로 퀘벡 주 배곳빌(Bagotville) 비행기지 안에 위치해 있었다.
1971년에 많은 CF-101B가 미공군에 반환되었다.

153

맥도널 사 F-101 부두 – 파생형

F-101A: 초기 양산형 전투폭격기. 77대가 생산됨.

NF-101A: F-101A 1대가 제너럴 일렉트릭 J79 엔진을 시험하기 위해 사용됨.

YRF-101A: F-101A 2대가 정찰기 모델 시제기로 생산됨.

RF-101A: 최초 정찰기 버전. 35대가 생산됨.

F-101B: 복좌형 요격기. 479대가 생산됨.

CF-101B: F-101B 112대가 캐나다 공군에 양도됨.

RF-101B: 캐나다 공군에서 사용했던 22대의 CF-101B가 정찰기로 개조됨.

TF-101B: 이중 조종장치가 있는 F-101B의 훈련기 버전으로, F-101F로 명칭이 변경됨. 79대가 생산됨.

EF-101B: F-101B 1대가 레이더 표적용으로 전환되어 캐나다에 임대됨.

NF-101B: F-101A 기체를 기반으로 하는 F-101B 시제기. 두 번째 시제기는 기수가 다르게 생산되었음

F-101C: 개선된 전투폭격기. 47대가 생산됨.

RF-101C: F-101C 기체의 정찰기 버전. 166대가 생산됨.

F-101D/E: 제너럴 일렉트릭 J79 엔진을 탑재한 기종으로 제안되었으나 생산되지 않음.

F-101F: 이중 조종장치가 있는 F-101B의 훈련기 버전. TF-101B가 79대가 F-101F로 명칭이 변경되었으며, 나중에 F-101B 152대가 개조되어 전환됨.

CF-101F: 이중 조종장치가 있는 20대의 TF-101B/ F-101F의 캐나다 공군 명칭

TF-101F: 이중 조종장치가 있는 24대의 F-101B로 F-101F로 명칭이 변경됨.

RF-101G: F-101A 29대가 주방위공군 정찰기로 전환됨.

RF-101H: F-101C 32대가 정찰용으로 전환됨

F-101의 개발 역사는 폭격기들이 원거리 표적까지 가서 되돌아올 때까지 폭격기들을 엄호하도록 설계된 〈적진 침투용 전투기〉로 처음 제안되었던 1945년에서부터 시작된다. 맥도널 에어크래프트 사는 1939년에 설립되어 제2차 세계대전 중에 항공기 생산을 하지 않았기 때문에 항공업계에서는 초보자였다. 맥도널의 XP-88 시제기는 1948년 10월에 첫 비행을 실시하였지만, 개발 예정인 F-88 엄호기는 양산에 들어가지 못하였는데, 이는 미공군 전략사령부가 새로운 세대의 전략 제트 폭격기인 보잉 B-47과 보잉

부두의 전방 조종석에는 조종사의 공격 스코프 레이더 리피터가 있다. 무기체계조작사가 있는 후방석에는 더 큰 스코프가 있었다.

B-52가 엄호가 필요 없을 만큼 빠르다고 판단하였기 때문이다.

그럼에도 불구하고 시험은 계속되었고, 이 결과로 개발된 항공기는 2개의 웨스팅하우스 J34 제트엔진과 함께, 기수에 앨리슨 T38 터보프롭 엔진을 장착한 XF-88B 항공기였다. 이 항공기는 최초로 프로펠러를 장착하고 마하 1을 돌파하였다.

부두의 작전 투입

1953년에 F-88의 설계는 새로운 주날개와 수평꼬리날개 그리고 후기연소장치가 있는 훨씬 강력한 J57엔진을 장착하는 것으로 수정되었으며, 미공군에 F-101A 부두로 제안되었다. 단좌형 F-101A는 1954년 9월에 첫 비행을 실시하였다. 공격기인 F-101A의 무장은 4문의 20mm 기총과 외부에 탑재하는 핵무기였다. 뒤이어서 기총 대신에 카메라를 장착한 RF-101A 정찰기가 최초의 전투기 버전인 F-101B이 개발되기 전인 1959년에 작전에 투입되었다.

복좌형 F-101B는 내부 무장탑재실이 있어서, 적외선 및 레이더 유도 방식의 AIM-4 팰콘을 포함한 공대공미사일과 비유도 AIR-2 지니 로켓을 탑재할 수 있었다. 지니는 독특한 무기였는데, 핵탄두를 탑재한 비유도식 공대공 로켓이다. 부두는 처음에 전술사령부(TAC)에서는 전투폭격기로, 북미 방공사령부(NORAD)에서는 요격기로 운용하였다. 대

급유 중인 F-101의 모습에서 팰콘 미사일을 장착할 수 있는 무장탑재실을 확인할 수 있다. AIR-2 핵탄두 탑재 지니 로켓을 외부에 장착할 수 있었다.

부분의 F-101 요격기와 RF-101 사진정찰기들은 정규 비행대대에서 상대적으로 짧은 기간 동안 운용된 후 주방위공군의 비행대대로 보내졌다. 전술사령부는 RF-10C를 베트남전에 참전시켰으며, 그곳에서 위험하지만 가치있는 정찰임무를 수행하였다. 이 정찰기는 저고도에서 고속으로 비행함에 따라 적이 요격하기 힘들었음에도 불구하고, 대공포와 지대공 미사일에 의해 약 40대가 격추되었다.

소수의 부두 정찰기가 대만에 보급되어 중국에 대한 정찰임무에 투입되었다. 이들 중 몇 대는 중국대륙에서 격추당한 것으로 알려져 있다.

805대가 생산된 부두의 대부분은 위 사진의 오리건 주 주방위공군 F-101B와 같은 복좌형 요격기였다.

핵무기 임무에 대한 논란

캐나다는 자체 개발 계획이었던 아브로 애로우(Avro Arrow) 전투기 프로그램을 취소하고, 1961년에 부두 전투기를 주문하였다. F-101B와 이중 조종장치가 있는 F-101F의 버전인 부두 CF-101B형과 F형은 캐나다 공군의 아음속 전투기인 아브로 캐나다 CF-100 〈클렁크(Clunk)〉를 대체하였다. 캐나다의 부두는 초기에 팰콘 미사일만 장착하였지만, 1965년 이후에는 핵탄두를 탑재한 지니를 장착할 수 있었다. 공식적으로 미국의 소유와 통하에 있었던 이 무기의 도입으로, 캐나다는 커다란 정치적 논란에 휘말렸다.

CF-101은 나중에 CF-188 호넷으로 대체될 때까지 북미 방공사령부에 지속 배치되었다. 이 항공기들은 쿠바로 가는 도중에 북극 상공 또는 북미의 동부해안 아래로 접근하는 수많은 소련 항공기를 요격하였다. 1984년 후반에 마지막 부두 전투기가 퇴역하였지만, 2개는 조금 더 오래까지 남아 있었다. 이들 중 하나는 독특한 EF-101B의 〈일렉트릭 부두〉로 전환되어 연습 중 적의 재밍을 모의하는데 사용되었다. EF-101B는 1987년에 퇴역하였다.

Lockheed F-104 Starfighter
F-104 스타파이터 (록히드 사)

스타파이터는 매우 뛰어난 기동성능 때문에 〈사람을 태운 미사일〉로 불렸다.
1960년대와 70년대에 NATO의 기본 전투기가 되었지만,
유럽에서의 높은 사고율로 인해 안전성이 미흡하다는 평판을 얻었다.

F-104 G 스타파이터 제원

크기
길이: 54ft 9 in (16.69m)
날개 너비(without tip-mounted 공대공미사일):
   21ft 11 in (6.68m)
날개 면적: 196.10ft^2 (18.22㎡)
날개 가로세로비: 2.45
높이: 13ft 6 in (4.11m)
수평꼬리날개 폭: 11ft 11 in (3.63m)
휠트랙: 9ft (2.74m)
휠베이스: 15ft 1/2 in (4.59m)

추력장치
General Electric J79GE-11A 터보제트 엔진 1개
· 일반: 10,000lb st (44.48kN),
   후기연소: 15,800lb st (70.28kN)

중량
자체중량: 14,082lbs (6387kg)
정상이륙중량: 21,639lbs (9840kg)
최대이륙중량: 28,779lbs (13,054kg)
내부연료: 896 US gal (3392 ℓ)
외부연료: 총 955 US gal (3615 ℓ)
최대탑재무장: 4,310lbs (1955kg)

성능
최대수평비행속도: 1,262kts (1,453mph; 2338km/h) /
   [clean] 외장, 36,000ft (10,975m)에서
순항속도: 530kts (610mph; 981km/h) /
   36,000ft (10,975m)에서
최대상승률(해면고도): 55,000ft (16,765m)/분
실용상승고도: 58,000ft (17,680m)
이륙거리(50ft 고도까지): 4,600ft (1402m)
착륙거리(50ft 고도에서): 3,250ft (990m)
항속거리(보조연료탱크 4개 장착시): 1,893nm
   (2,180마일; 3510km)
전투행동반경: 648nm (746마일, 1200km)
전투행동반경(최대무장으로 Hi-Lo-Hi 지상공격임무시):
   261nm (300마일, 483km)

무장
고정식: General Electric 20mm M61A-1 벌칸 기총 1개
(총 725발), 무장 스테이션: 동체 아래 1개, 날개 아래 4개,
윙팁 하드포인트 2개(AIM-9 공대공미사일과 다양한 폭탄,
포드, 로켓 장착)

"F-104는 세계에서 가장 날카로운 칼을 보유하는 것과 같았다.
항상 무슨 일이 일어나는지 알 수 있는 정직한 항공기였다.
그러나 날카로운 칼을 사용하는 것처럼, 어떤 실수도 해서는 안 된다."
– 월트 "BJ" 조른비(Bjorneby), 미공군 F-104 조종사 –

- 스타파이터는 캐나다, 네덜란드, 독일, 벨기에, 이탈리아, 일본과 미국에서 생산되었다.
- 대만은 F-104A부터 RF-104G 정찰기까지 9개 기종의 다른 스타파이어를 운용하였다.
- F-104는 이륙 및 착륙시 성능을 향상시키기 위하여 날개 위로 공기를 내보내는 경계층
  제어 시스템을 갖춘 최초 양산형 전투기였다.

록히드 사 F-104 스타파이터

서독 해군 비행대는 1972년부터 1987년까지 F-104G를 대함 임무에 투입하였다.
AS-30 코모란 미사일을 운용하기 위한 항공전자장비와 무장 파일론을 장착하고 있는
이 전투기는 독일 북쪽 Schleswig에 위치하고 있는 MFG-1 비행대대에서 사용되었다.
중앙 파일론에 연습용 폭탄이 장착되어 있고, 연습용 코모란 미사일도 보인다.
이 항공기는 1986년 독일해군 스타파이터의 고별 투어의 일환으로 미국으로 비행하였던
4대의 F-104G 중 한 대이다.

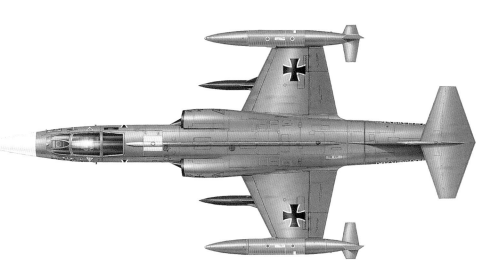

록히드 사 F-104 스타파이터 생한 현황

파생형	대수	생산 년도
록히드 사(캘리포니아 주 버뱅크 소재)		
XF-104	2	1953-1954
YF-104A	17	1954.10-1956
F-104A	153	1956-1958.12
F-104B	26	1956-1958.11
F-104C	77	1958-1959.6
F-104D	21	1958-1959
F-104DJ	20	1962-1964
CF-104D	38	1961
F-104F	30	1959-1960
F-104G	139	1960-1962
RF-104G	40	1962-1963
TF-104G	220	1962-1966
F-104J	3	1961
F-104N	3	1963

총: 741대

파생형	대수	생산 년도
캐내디어 사(캐나다 퀘벡 주 몬트리올 캐티어빌 소재)		
CF-104	(F-104A 1대 전환)	1961
CF-104	200	1961-1963
F-104G	140	1963-1964

총: 340대
캐나다와 덴마크(F-104G)에 인도됨.

파생형	대수	생산 년도
피아트 사, 이탈리아 튜린		
F-104G	164	1962.6-1966
RF-104G	35	1963-1966
F-104S	(F-104G 2대 전환)	1966
F-104S	245	1968-1979.3
F-104S ASA	(147대 전환)	1986-1992
F-104S ASA/M	(49대 전환)	1998-2000
TF-104G ASA/M	(15대 전환)	1998-2000

총: 444대
이탈리아, 네덜란드, 서독 및 터키에 인도됨.

파생형	대수	생산 년도
포커 사(네덜란드 암스테르담 스히폴 소재)		
F-104G	231	1961-1966
RF-104G	119	1962-1966

총: 350대
네덜란드와 서독에 인도됨.

파생형	대수	생산 년도
MBB(독일 아우그스부르크 만칭 소재)		
F-104G	50	1970-1972

총: 50대
서독에만 인도됨.

파생형	대수	생산 년도
멧서슈미트 사(독일 아우그스부르크 만칭 소재)		
F-104G	210	1960-1966

총: 210대
서독에만 인도됨.

파생형	대수	생산 년도
미쓰비시 중공업(일본 나고야 고마키 소재)		
F-104J	207*	1962.4-1967.12

총: 207대
* 29대는 록히드사 부품을 조립 생산하였음,
178대는 현지에서 생산함. 일본에 인도됨.

파생형	대수	생산 년도
SABCA사(벨기에 샤를루아 소재)		
F-104G	188	1961-1965

총: 188대
벨기에와 서독에 인도됨.

한국전쟁에서 미국 조종사들은 더 빠르고, 적 항공기보다 상승률과 기동성능이 더 좋은 단순 경량 전투기를 요구하였다. 록히드사는 이런 요구를 반영하여, 기체가 길고 날개가 작은 항공기를 설계하였으며 1954년 2월에 시험비행 준비가 완료되었으나 한국에서 사용하기에는 이미 너무 늦었다. 그러나 미공군의 전훈분석을 통해 소련의 1세대 제트폭격기에 대항하기 위한 항공기로 개발이 진행되었다.

XF-104 스타파이터는 1954년 3월에 첫 비행을 실시하였고 초기의 몇 가지 문제에도 불구하고는 후기연소기능이 없는 라이트 J65 엔진을 장착하고도 초음속 비행을 실시하였다. 그러나 이후 양산형인 F-104A와 이후의 다른 버전들은 제네럴 일렉트릭 J79엔진을 장착하였다. F-104A는 요격기였고 F-104C는 핵무기를 탑재하는 전투폭격기였다. F-104B형과 D형은 동일한 복좌형 항공기였다.

독특한 특징

F-104의 주날개는 매우 작아서 전체 너비가 21ft (6.4m)밖에 안 되었다. 앞전은 뒷전만큼이나 슬림하여 지상정비 중에는 엣지와 지상정비요원들을 보호하기 위하여 커버를 씌워 놓았다. 미사일과 연료탱크는 윙팁에 부착할 수 있었다. F-104C 모델 이전까지

1962년부터 1967년까지 미쓰비시 중공업은 210대의 F-104J와 20대의 복좌형 F-104DJ를 생산하였다. 사진에서 일본 항공자위대 203 비행대대의 문양이 그려져 있는 F-104J 2대가 기체 아래 파일론에 사이드와인더 미사일을 장착하고 있다

계기판에 아날로그식 계기가 많고 헤드업 디스플레이가 없어서, 스타파이터는 저고도 비행 훈련을 위한 시뮬레이터로 활용되었다.

사출좌석은, 대부분의 사출좌석과는 반대로 기체 아래쪽의 해치를 통해 하방으로 발사되었다. 그 당시의 사출좌석은 모든 상황에서 높은 꼬리날개에 부딪히지 않을 만큼 높게 쏘아 올리기에는 힘이 부족하여 이런 방식을 채택하였다. 하방 사출좌석은 일반 상방 사출좌석과 별반 다르지 않게 500ft (152m) 이상에서 사용이 가능하였으나, 당연히 대중적이지는 않았다.

미공군은 상대적으로 F-104를 많이 운용하지 않았다. 1967년 말까지 전술사령부와 방공사령부는 자신들의 F-104를 미 주방위공군에 넘겼으며, 이 항공기들은 1975년에 퇴역하였다.

1965년부터 1967년에 F-104C는 베트남과 태국에 배치되었으며, 초기에는 월남에 대한 방공임무를 수행하였으나, 나중에는 전투폭격기로서 F-105 〈와일드 위즐〉 엄호용으로 사용되었다. 몇 차례의 공중전을 치르는 동안 한번은 중국 MiG-19 (센양 J-6)이 중국영토 상공을 비행하고 있는 스타파이터를 격추한 적도 있다.

성공적인 수출

스타파이터는 14개국에 수출되어 그 당시에 가장 성공적으로 판매되는 기종이었다. 1958년에 서독이 강화된 F-104G 모델을 선택함에 따라 수출이 확대되었다.

독일공군과 해군 비행대는 총 917대의 스타파이터를 운용하였는데 대다수는 비행훈련을 위해 미국에 남겨져 있었다. F-104는 높은 기동성능과 유럽의 기상에서 저고도 전투폭격기로 운용된 점 그리고 새롭게 탄생한 독일공군의 가파른 성장 등으로 인하여 비행사고율이 높았으며, 1991년 퇴역할 때까지 270대나 손실되었다. 노르웨이와 덴마크, 네덜란드, 벨기에, 스페인, 이탈리아, 그리스, 터키 등은 F-104G와 다른 버전들을 운용하였다. 다른 운용 국가들로는 요르단과 파키스탄, 대만, 일본, 캐

미공군 69 전술훈련대대는 맑은 애리조나의 하늘에서 독일의 스타파이터 조종사들을 훈련시켰다. 사진에서 F-104G는 윙팁 라운처에 AIM-9J를 장착하고 있다.

나다 등이 있다.

전투에서의 실험

1960년대에 대만의 스타파이터는 중국과 무수히 많이 교전하였으며, 1974년에는 그리스와 터키 항공기가 키프로스에서 충돌하였다. 또한 스타파이어가 전투에서 가장 많이 사용된 것은 1965년과 1971년에 파키스탄 공군이었으며, 당시 인도-파키스탄 전쟁에서 인도 항공기를 상대로 약 10번의 승리를 거두었다. 인도는 F-104의 우수성을 인정하고, 가능한 교전을 회피하였다.

F-104는 이탈리아에서 2004년에 퇴역하였다. 플로리다 주의 한 민간단체는 여러 대의 스타파이터를 전시용으로 사용하고 있으며, 2009년에 NASA의 연구 프로그램에 F-104를 사용하는 계약을 하였다.

Republic F-105 Thunderchief
F-105 썬더치프 (리퍼블릭 사)

리퍼블릭 사의 거대한 F-105 항공기는 북베트남 상공에서
저고도 고속으로 비행하여 적을 찾았다. 북베트남 MiG기와 교전하는 것은 물론이고
위험한 〈와일드 위즐(Wild Weasel)〉 임무를 수행하며 적 미사일 포대를 공격하였다.

F-105D 썬더치프 제원

크기
길이: 64ft 4 in (19.61m)
높이: 19ft 7 in (5.97m)
날개 너비: 34ft 9 in (10.59m)
날개 면적: 385ft^2 (35.77m²)

추력장치
Pratt & Whitney J75-P-19W 터보제트 엔진 1기
· 일반: 17,200lbs (76.0kN),
  후기연소: 24,500 lbs (110.25kN)

중량
자체중량: 27,500lbs (12474kg)
최대이륙중량: 52,838lbs (23,967kg)

연료
Normal 내부연료: 435 US gal (1646 ℓ)
최대내부연료: 675 US gal (2555 ℓ)

성능
최대수평비행속도: 1,390mph (2237km/h) / [clean]
외장, 36,000ft (10,970m)에서
초기상승률: 34,400ft (10,485m) / [clean] 외장시
실용상승고도: 41,200ft (12,560m)
항속거리: 920마일(1480km)

거리
운용거리: 825마일(1328km)
최대운용거리: 1,380마일(2221km)

무장
750lbs (340kg) M117 폭탄, 1,000lbs (454kg) Mk
83 폭탄, 3,000lbs (1361kg) M118 폭탄, AGM-12
불펍 공대지미사일, AIM-9 사이드와인더 공대공
미사일, 2.75 in (70mm) 로켓 포드, 네이팜탄,
Mk 28/43 특수무장, 화학탄, 전단탄, 5 in (127mm)
로켓 포드, MLU-10/B 지뢰살포탄, M61 벌칸
20mm 기총(1,028발)

"F-105는 독특한 주날개와 쐐기 모양의 공기흡입구, 가늘고 긴 랜딩기어,
특이한 모양의 수직꼬리날개와 둥글고 납작한 모양의 후미기체를 가지고 있었다."

- F-105는 양산된 항공기 중 가장 큰 단좌형 단발 전투기였다.
- 생산된 F-105 중 절반 이상이 베트남전에서 손실되었다.
- 썬더치프의 〈써드(Thud)〉, 〈리드 스레드(Lead Sled)〉와 〈울트라 호그(Ultra Hog)〉라는
  별명을 가지고 있었다

리퍼블릭 사 F-105 썬더치프

이 F-105G 〈와일드 위즐(Wild Weasel)〉은 흥미진진한 경력을 가지고 있다. 1964년에
전투용으로 복좌형 F-105F가 생산된 이후 1967년부터 70년까지 태국 Takhli에서 운용되었으며,
북베트남 MiG기를 상대로 한 공중전에서 3번의 승리를 거두었다. 이 항공기는 1970년에
레이더 탐지장비를 장착하여 대레이더미사일을 발사할 수 있도록 F-105F를 개조한 것이다.
333 전투비행대대의 문양이 그려져 있으며, 바깥 파일론에는 AGM-45 슈라이크(Shrike)
미사일을 장착하고 있고, 안쪽 파일론에는 더 큰 AGM-78 스탠다드(Standard)를 장착하고 있다.
이 미사일들은 적의 레이더 송신기에서 나오는 빔을 쫓아가 파괴하는 것이다. 이후 지속된
업그레이드가 이루어졌으며, 베트남전에서 운용된 후에 오하이오 주에 위치한 미공군
국립박물관에 전시되었다.

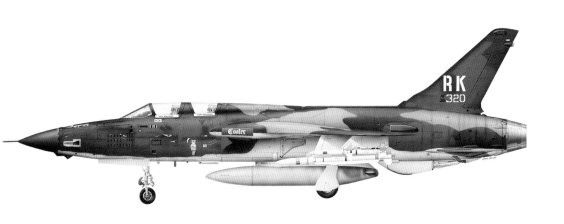

리퍼블릭 사 F-105 썬더치프 (미 공군 운용 현황)

비행단	비행대대	위치	운용 기종	운용 기간
4 전투비행단	333 전투비행대대	노스캐롤라이나 시모 존슨 공군기지	F-105B/D/F	1958-1964
	334 전투비행대대		F-105B/D/F	
	335 전투비행대대		F-105B/D/F	
	336 전투비행대대		F-105B/D/F	
			F-105B/D/F	
8 전투비행단			F-105D/F	1963-1964
6441 전투비행단	35 전투비행대대	일본 아타주케 비행기지	F-105D/F	
	36 전투비행대대	일본 요코타 비행기지	F-105	
	80 전투비행대대		F-105	
18 전투비행단	12 전투비행대대		F-105D/F/G	
	44 전투비행대대	일본 가네다 비행기지	F-105D/F/G	1962-1966
	67 전투비행대대	태국 코랫 공군기지	F-105D/F/G	1964
		베트남 다낭 비행기지	F-105F/G	1965
			F-105	
			F-105	
36 전투비행단	22 전투비행대대		F-105D/F	
	23 전투비행대대	서독 비츠버그 비행기지	F-105	1961-1966
	53 전투비행대대		F-105	
			F-105	
49 전투비행단	7 전투비행대대		F-105D/F	
	8 전투비행대대	서독 Spangdahelm 비행기지	F-105	1961-1967
	9 전투비행대대		F-105	
			F-105	

최초에 리퍼블릭 사의 F-105는 순수 전투기보다는 전투폭격기로 만들어질 예정이었다. 처음 계획된 F-105의 무장은 동체 아래의 무장탑재실에 핵폭탄 1발을 탑재하는 것이었으나, 나중에 공대공 무장도 탑재하는 것으로 계획이 변경되었다. 이후 항공기를 생산하던 과정에서 컨베어의 YF-102가 초음속 상태에서 항력으로 인한 문제가 발생하자, 기존 설계를 변경하였는데, F-102A와 마찬가지로 항공기 동체의 허리를 좁혀 문제를 해결한 것이다. 공기흡입구도 초음속을 견딜 수 있도록 개선되었다.

F-105는 항공전자장비가 소형화되기 이전에 설계되어, 임무 중간중간에 철저한 정비가 필요하였다.

독특한 특징

리퍼블릭 사는 P-47 썬더볼트와 A-10 썬더볼트II 등과 같은 대형항공기로 유명하였으나 아름다운 전투기를 만드는 능력은 떨어졌다. 역시나 F-105도 독특한 주날개와 쐐기 모양의 공기흡입구, 가늘고 긴 랜딩기어, 특이한 모양의 수직꼬리날개와 둥글고 납작한 모양의 후미기체 등의 독특한 모습을 가지고 있었다. 조종사의 좌석은 높았으며 후방시야는 좋지 않았다. F-105는 이륙중량도 많이 나가서 〈그라운드 그리퍼(Ground Gripper)〉라는 별명도 생겼다.

YF-105A 시제기는 1955년 10월에 첫 비행을 실시하였고, 이후 상당부분 개선된 YF-105B가 1956년 5월에 비행을 실시했다. 양산형 모델인 F-105B는 일반 비행대대와 〈썬더버드〉 시범팀에서 짧은 기간 동안만 사용되었다. 가장 많이 생산된 모델은 F-105D였는데, 이는 개량된 엔진과 기수 연장이 요구되었던 개선된 레이더와 화력통제시스템 등을 탑재하고 있었다. 재래식 무기 탑재능력이 향상되어 750lbs(340kg) 폭탄 16발을 탑재할 수 있었다. 연료보조탱크가 무장탑재실에 장착됨에 따라 핵무기 장착할 수 없게 되었다.

　F-105의 성능은 베트남전에서 증명되었다. 이 항공기는 우수한 속도, 작전행동반경, 중무장 능력 등으로 인해, 태국기지로부터 날아오는 북베트남의 무거운 표적들을 상대하기에 최적의 항공기였다. 공격기였음에도 불구하고 썬더치프는 북베트남의 소련 및 중국MiG기와 심심치 않게 교전을 하였다. 〈써드(Thud)〉 조종사들은 총 27대의 MiG를 격추하였는데 2대를 제외한 나머지는 기총으로 격추하였다. 미공군은 MiG기에 의해 17대의 F-105를 잃었다. F-105의 최대 방어수단은 저고도에서 고속으로 비행하는 것이었는데, 위기상황에서 빠른 증속을 통해 멀리 달아날 수 있었으며, 지형을 이용하여 레이더를 회피할 수 있었다. 그러나 이러한 속도는 폭탄과 연료탱크를 모두 버렸을 때만 가능하였다.

새롭게 부여된 임무

　생산된 F-105 중 거의 절반 정도가 베트남전에서 레이더 유도 SAM에 의해 격추되었다. 이는 EF-105F와 F-105G 〈와일드 위즐(Wild Weasel)〉을 도입하는 계기가 되었다. 이 항공기들은 예민한 레이더와 자동유도장치를 장착하고, AGM-45 슈라이크와 AGM-78 스탠다드 대레이더 미사일로 무장한 개량된 복좌형 썬더치프였다. 와일

YF-105B 썬더치프 2대중 1대가 비행중이다. 이 항공기는 시험비행에서 마하 2.15을 돌파하였다. 그러나 무장을 장착한 F-105는 상당히 느렸다.

F-105G 한 대가 2발의 AGM-45 슈라이크 더미 미사일과 2개의 대형 연료탱크 그리고 2발의 대형폭탄이 장착된 동체 중앙의 MER (대량 무장 발사대)를 탑재하고 이륙하고 있다.

드 위즐(Wild Weasel)은 공격 편대군보다 먼저 침투하여 SA-2 〈가이드라인(Guideline)〉 미사일의 〈팬송(Fan Son)〉 레이더의 위치를 파악하고 먼저 미사일로 공격하였다. 와일 드 위즐(Wild Weasel)의 출현만으로도 북베트남의 레이더들은 자주 작동을 멈추어야 했 으며, 이로 인해 적 미사일은 효과적으로 운용되지 못하였다.

F-105D는 베트남전이 끝나기 전 퇴역하였으나, G형은 미국 내 일반 비행대대에서 1980년대까지, 미 주방위공군에서는 1983년까지 운용되었다.

Mikoyan-Gurevich MiG-21F "Fishbed"

MiG-21F 피쉬베드 (미코얀 구레비치 사)

MiG-21은 여러 국가에서 10,000대 이상, 현재까지 가장 많이 생산된
전투기이다. 이 항공기는 탐지하기 어렵고 날렵하여, 조종사의 실력만 좋다면
훨씬 더 정교한 서방측 전투기들과 필적할 만한 전투기이다.

MiG-21MF 피쉬베드-J 제원

크기
길이(프로브 포함): 51ft 8^1/$_2$ in (15.76m)
길이(프로브 제외): 40ft 4 in (12.29m), 높이: 13ft 6 in (4.13m)
날개 너비: 23ft 6 in (7.15m), 날개 면적: 247.5ft^2 (23m^2)
날개 가로세로비: 2.23
휠트랙: 9ft 1^3/$_4$ in (2.79m), 휠베이스: 15ft 5^1/$_2$ in (4.71m)

추력장치
MNPK 〈Soyuz〉(Tumanskii/Gavrilov) R-13-300
    터보제트 엔진 1개
 · 일반: 8,972lb st (39.92kN),
    후기연소: 14,037lb st (63.66kN)

중량
자체중량: 11,795lbs (5350kg)
정상이륙중량(공대공미사일 4발, 129 US gal
(490 ℓ) 보조연료탱크 3개 장착): 17,967lbs (8150kg)
최대이륙중량: 20,723lbs (9400kg)
내부연료: 687 US gal (2600 ℓ)
외부연료: 387 US gal (1470 ℓ) / 보조연료탱크 3개 장착시
최대탑재무장: 4,409lbs (2000kg)

성능
최대상승률(해면고도): 23,622ft (7200m)/분
실용상승고도: 59,711ft (18,200m)
이륙활주거리: 2,625ft (800m)

운용거리
순항거리: 971nm (1,118마일, 1800km) / 보조연료탱크 3개
    장착시 전투행동반경
 · 200nm (230마일, 370km) / Hi-Lo-Hi 지상공격임무,
    551lbs (250kg) 폭탄 4발 장착시
 · 400nm (460마일, 740km) / Hi-Lo-Hi 지상공격임무,
    551lbs (250kg) 폭탄 2발, 보조연료탱크 장착시

무장
23mm GSh-23L 기총은 AP 또는 HE 탄약 발사 가능
(총 420발). 유도미사일은 공대공미사일만 사용 가능.
MF형은 K-13A(AA-2 〈Atoll〉)과 AA-2-2 신형 〈Atoll〉
미사일 발사 가능. 다른 MiG-21처럼 R-60(AA-8 〈Aphid〉)
적외선미사일 8발 장착. 1,102lbs (500kg)의 다양한 FAB 폭탄
(일반목적탄) 및 파편탄, 화학탄, 확산탄, 로켓추진 콘크리트
관통탄, 57mm 또는 240mm 로켓 장착.

"이 항공기는 기동성이 매우 좋다는 것을 교전에 들어가기 전에 반드시
유념해야 한다는 것이야말로 MiG-21과의 교전에 대한 가장 중요한 교훈이다."
– 밥 쉐필드(Bob Sheffield), 미공군 전투기 조종사 –

- 중국이 생산한 것을 포함하여 MiG-21은 50년 이상 생산되었다.
- 55개국 이상이 러시아에서 처음 설계한 〈피쉬베드〉를 운영하였고, 20개국 이상은
  현재도 운용 중이다.
- 초기 MiG-21의 캐노피는 앞으로 젖혀져 조종사가 사출할 때 조종사를 강풍으로부터
  보호해 준다

미코얀 구레비치 사 MiG-21 피쉬베드

루마니아 공군은 유럽에서 MiG-21을 운용하는 마지막 국가 중 하나이다. 1990년대에 최신
전투기를 구매할 예산이 부족한 루마니아는 기존의 MiG-21과 MiG-29를 업그레이드하기로
결정하였다. 나중에 〈펄크럼(Fulcrum, MiG-29의 NATO명)〉 업그레이드 계획은 취소되었지만
에어로스타 사는 이스라엘 엘빗 사의 도움을 받아 MiG-21 M형, MF형, UM형을 현대식 랜서
(Lancer)로 바꾸는 계획을 수립하였다. 랜서 A는 지상공격에 적합한 기종이었다. 신형 무장으로,
레이저유도 폭탄과 비슷하지만 기체에서 나오는 적외선을 추적하는 오퍼(Opher) 적외선유도
폭탄과, 파이톤(Python) III 단거리 공대공미사일을 탑재하였다. 랜서 B는 복좌형 훈련기이고,
랜서 C는 요격기 버전이다.

미코얀 구레비치 사 MiG-21 피쉬베드 – 주요 파생형

0세대(1954-56)
Ye-1: 후퇴익 시제기.

Ye-2A/MiG-23: Ye-2 설계가 RD-11 터보제트 엔진을
위해 개조됨

Ye-4: 최초의 델타익 MiG-21.

Ye-50: 후퇴익 고고도 요격기 시험용.

Ye-50A/MiG-23U: Ye-50를 개조함.

Ye-5: Mikulin AM-11 터보제트 엔진이 탑재된 델타익
연구용 시제기

MiG-21: 최초의 전투기 시리즈로 Ye-5의 양산형 버전

1세대(1957-76)
Ye-6: MiG-21F의 선행양산형 버전 3대

Ye-50P: 로켓 추진의 고고도 요격기 프로젝트.

MiG-21F: 단좌용 주간 전투기. 최초의 양산형
버전으로, 92대가 생산됨.

MiG-21P-13: MiG-21 2대가 K-13 미사일 시스템을
사용하기 위해 개조됨.

MiG-21F-13: K-13 미사일을 운용하는 기존의
MiG-21F

2세대(1961-66)
MiG-21PF/FL: 전천후 요격기 양산형 버전. PF는
바르샤바 조약국 수출용이며, FL은 개발도상국
수출용임

MiG-21PFS: PF 버전과 동일하나 취출 플랩(blown
flap)을 가지고 있음.

MiG-21PFM: 업그레이드된 레이더와 항공전자장비를
갖춘 PF 모델

MiG-21R: 전투정찰기

MiG-21S: 전술전투기. 소련공군에만 인도됨.

MiG-21N: 21S의 버전. RN-25 전술핵무기를 운용할
수 있음

3세대(1968-72)
MiG-21M: MiG-21S의 수출용.

MiG-21SM: MiG-21S의 업그레이드 버전.

MiG-21MF: MiG-21SM의 수출용

MiG-21MT: 연료탑재량이 증가된 MiG-21MF

MiG-21SMT: 연료탑재량이 증가된 MiG-21SM

MiG-21ST: 인기가 없었던 MiG-21SMT를 MiG-21bis의
작은 연료탱크를 탑재하도록 개조함.

MiG-21bis: MiG-21의 최종 버전. Turmansky
R25-300 터보제트 엔진 및 많은 다른 발전된 장비를
탑재함.

MiG-21bis-D: 크로아티아 공군의 2003년
업그레이드형. NATO와 상호운용성을 위해 현대화됨.

MiG-19를 대체할 경량의 마하 2 요격기를 개발하기 위하여 미코얀 구레비치 사는 백지부터 새롭게 시작하였다. 후퇴익과 델타익 중 어느 것이 더 효과적인지에 대한 논란이 있었다. 1955년에 나온 Ye-1 시제기는 동체가 날씬하였으며, 후퇴각이 많은 날개를 가지고 있었다. 반면 YE-4는 델타익을 가지고 있었다. 몇 대의 시제기가 각각의 외형으로 만들어졌으며, 델타익을 가진 Ye-5가 약간 우세하여 MiG-21의 기본형으로 채택되었다.

MiG-21 조종석의 많은 계기들 가운데 레이더 스코프가 가장 잘 보이는 곳에 배치되었다.

초기 MiG-21 〈피쉬베드-A〉는 소량만 생산되었으나, 이후 MiG-21F-13 〈피쉬베드-C〉는 1960년 생산되기 시작하여 몇천 대가 생산되었다. 시제기와 같이 이 항공기는 사출 중 강풍으로부터 조종사를 보호하기 위하여 앞쪽을 젖혀지는 캐노피를 장착하였으며, 엔진 흡입구 안쪽의 쇼크콘(shock cone)에 레이더를 장착하였다. 날개 위에 달린 〈펜스〉가 6개에서 2개로 축소되었다.

무장으로 미국의 AIM-9B 사이드와인더를 복제한 2개의 R-3S(AA-2 〈아톨〉) 유도미사일과 23㎜ 기총을 장착하였다. 〈피쉬베드-C〉는 인도, 루마니아, 핀란드, 중국으로 수출되었다.

중국에서의 생산

MiG-21F-13은 중국의 청도항공사에서 F-7이라는 이름으로 생산되어 1965년쯤 운용을 시작하였다. 오늘날에도 400대 가량이 운용되고 있다. 중국은 MiG-21을 개량한 F-7M 에어가드(Airguard)를 수출하였다. 이 항공기는 뒤쪽으로 열리는 캐노피와 한 쌍의 기총 그리고 4발의 공대공미사일을 장착할 수 있었다. 마틴베이커 사의 사출좌석 등 꽤 많은 서방측의 장비가 추가되었다. F-7P와 F-7M은 파키스탄이 보유한 가장 많은 항공기로, 약 150대를 보유하고 있다.

지속된 개발

소련은 MiG-21S 전투기와 R형 정찰기, M, MF형 전투폭격기의 개발을 지속하였다. 전투폭격기들은 연료나 항공전자장비를 추가로 탑재하기 위해 동체 윗부분이 커졌다. 이런 모든 2세대 MiG-21은 모두 옆쪽으로 열리는 작은 캐노피를 가지고 있었다. 다음으로 개발된 항공기는 MiG-21bis로, R-60(AA-8 〈아피드〉) 미사일을 장착하였고 넓은 작전행동반경과 재래식 또는 핵무장을 운용할 수 있었다. 이 전투기는 약 12개국 이상에 수출되었다.

초기에는 내구성이 좋지 않은 요격기였지만, MiG-21은 전 세계 공산국가들이 선택한(비록 선택이 제한적이었지만) 전투폭격기로 진화하였다.

전장에서의 다양한 시험

MiG-21과 중국의 파생기종들은 1960년대 중반부터 포클랜드 전쟁을 제외하고 거의 모든분쟁에 사용되었다. 1990년대의 이란-이라크 전쟁과 발칸분쟁 등의 여러 전투에서 MiG-21이나 F-7이 양 진영에서 모두 사용되었다. 공중전에 있어서 〈피쉬

인도는 MiG-21을 900대 이상 구입하였다. 이들 중 약 125대는 경쟁력을 유지하기 위해 업그레이드되고 있다.

1993년 체코슬로바키아가 분리될 당시 슬로바키아 공군은 체코로부터 MiG-21을 인수받았다. MiG-21US 훈련기 등 몇 대는 2000년대까지 보유하였다.

베드〉는 중동의 시리아나 이집트가 이스라엘에 대항하기 위하여, 북베트남 공군이 미국에 대항하기 위해 가장 많이 사용되었다.

좀 더 부유한 국가들은 〈피쉬베드〉를 MiG-29 〈펄크럼(Fulcrum)〉이나 록히드마틴의 F-16 파이팅 팰콘(Fighting Falcon)으로 대체(1대1 비율은 아님)하였으나, 많은 국가의 공군은 MiG-21을 업그레이드해서 사용할 수밖에 없었다. 업그레이드 프로그램에는 RAC MiG-21-93과 루마니아의 랜서 등이 있다. MiG-21-93은 약 100대 이상의 항공기에 적용된 인도의 바이슨(Bison) 업그레이드의 토대가 되었다. 마찬가지로 약 50대의 랜서가 MiG-21M형과 MF형, UM형으로부터 개조되었다.

Convair F-106 Delta Dart

F-106 델타 다트 (컨베어 사)

F-106 델타 다트는 마지막으로 미공군이 운용한 요격기로 설계된 항공기였으며, 다목적 전투기들로 대체되기까지 북미 상공을 30여 년간 수호하였다.

F-106A 델타 다트 제원

크기
길이(프로브 포함): 70ft 8 in (21.55m)
날개 너비: 38ft 3^1/$_2$ in (11.67m)
날개 면적: 697.5ft^2 (64.8m^2)
높이: 20ft 3^1/$_3$ in (6.18m)

추력장치
Pratt & Whitney J75-P-17 터보제트 엔진 1개
· 일반: 17,200lbs (77.4kN),
  후기연소: 24,500lbs (110.25kN)

중량
자체중량: 23,814lbs (10,800kg)
정상적재중량: 35,500lbs (16,012kg)
최대이륙중량: 38,250lbs (17,350kg)

연료
연료(정상): 425 US gal (1609 ℓ)
연료(최대): 755 US gal (2858 ℓ) / 외부연료탱크
  장착시

성능
최대속도: 마하 2.25(1,487mph/2393km/h) /
  연료탱크 미장착, 40,000ft (12,192m)에서
지속운용고도: 58,000ft (17,680m)
전투행동반경(내부연료): 575마일(925km)
전투행동반경(외부연료탱크, 공중급유시):
  1,950마일(3138km)
57,000ft (17,374m)까지 도달시간: 4.5분

무장
대부분의 항공기는 M61A-1 20㎜ 기종을 장착함.
기본 미사일은 AIM-4E/F 또는 AIM-4G Falcon
공대공미사일(Super Falcons) 4발, AIR-2A Genie
핵탄두 로켓 1발 장착. F-106 기종은 XAIM-97A
ASAT 무장을 시험 운용함.

"항공기의 반응도와 선회 및 가속, 상승 능력, 정직한 피드백은 평생 지속될 애정의 씨앗이었다."
— 마이클 "Buddha" 넬슨 중령, F-106 조종사 —

- 비록 요격기로 설계되었지만 컨베어 사의 F-106은 공중전에서도 기동이 좋았다.
- 1980년대의 많은 F-106A는 유리 캐노피와 20㎜ 발칸 기총을 장착하였다.
- MB-1 지니와 AIM-26 팰콘 미사일은 F-106이 사용한 유일한 공대공 무기였다.

컨베어 사 F-106 델타 다트

미공군 방공사령부는 수년간 22개의 델타 다트 비행대대를 운용하였으며, 이들 델타 다트는 연회색 바탕 위에 눈에 확 띄는 꼬리날개 마크와 문양이 그려져 있었다. 이 F-106 항공기는 1973년 5월에 번개를 맞고 추락함에 따라, 공중전 능력을 강화하기 위하여 무장탑재실 내 M61 기총 장착과 사격조준기 및 캐노피 등을 교체하는 〈Six Shooter〉 개조를 받지 못하였다. 뉴욕 그리피스 공군기지의 제49전투요격대는 F-106을 마지막까지 운용한 대대였으며, 1987년에 F-10을 퇴역시키고 해체되었다. 이후 T-38 탈론(Talon) 훈련대대로 재창설 되었다.

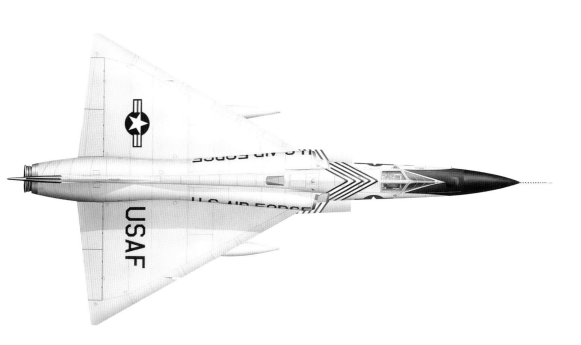

컨베어 사 F-106 델타 다트 – 파생형과 운용 국가

Normal F-102B: F-106A의 최초 명칭. 후기연소 기능이 있는 J-75 터보제트 엔진을 장착함. 성능이 만족스럽지 못하여 개조가 이루어짐.

F-106A: 향상된 성능을 갖춘 개조된 F-106. 최대속도는 최소 마하 2.50이며, 수평비행으로 마하 2.85를 기록하기도 함.

F-106B: 복좌형 전투가능 훈련기 버전. 조종사와 교관이 앞뒤로 앉음.

NF-106B: 1966년부터 1991년까지 NATA 및 관련 연구시설에서 시험용 항공기로 사용된 2대의 F-106B 명칭

F-106C: 미생산됨. XF-108 Rapier용으로 개발된 AN/ASG-18 레이더와 화력통제시스템을 장착할 예정이었음. 이 큰 레이더 시스템을 장착하기 위해 기수콘이 더 길어지고 직경이 커졌음. The F-106C/D 프로젝트는 1958년 9월 23일에 취소됨.

F-106D: F-106C의 복좌형으로 미생산됨.

F-106X: 미생산됨. 카나드와 JT4B-22 터보제트 엔진을 장착할 예정이었음. 록히드 YF-12를 대체하기 위해 계획됨.

F-106E: 미생산됨. 레이더 방어망인 〈오버 더 호라이즌 (over-the-horizon)〉과 공중조기경보통제시스템과 연동될 예정이었음.

F-106F: 미생산된 복좌형 F-106E

미공군 방공사령부 예하 비행대대

제2전투요격대대 (1971-72)
제5전투요격대대 (1960-85)
제11전투요격대대 (1960-68)
제27전투요격대대 (1959-82)
제48전투요격대대 (1960-82)
제49전투요격대대 (1968-87)
제71전투요격대대 (1960-71)
제83전투요격대대 (1971-72)
제84전투요격대대 (1968-81)
제87전투요격대대 (1968-85)
제94전투요격대대 (1960-69)
제95전투요격대대 (1959-73)
제318전투요격대대 (1960-83)
제319전투요격대대 (1960-63, 1971-72)
제329전투요격대대 (1960-67)
제437전투요격대대 (1968-68)
제438전투요격대대 (1960-68)
제456전투요격대대 (1959-68)
제460전투요격대대 (1968-74)
제498전투요격대대 (1959-68)
제539전투요격대대 (1959-67)

미 주방위공군 예하 비행대대

제101전투요격대대, 매사추세츠 (1972-88)
제119전투요격대대, 뉴저지 (1972-88)
제159전투요격대대, 플로리다 (1974-87)
제171전투요격대대, 미시간 (1972-78)
제186전투요격대대, 몬태나 (1972-87)
제194전투요격대대, 캘리포니아 (1974-84)

F-106은 1980년대에 B-1B 랜서 전술폭격기를 개발할 당시에 추격기로 사용되었다.

    F-106은 북미 상공을 방어하기 위하여 F-102A를 기반으로 하는〈마지막 요격기〉로 개발될 예정이었다. 초기에 F-102B로 알려진 신형 전투기는 델타대거와 많이 달라져서 F-106 델타 다트로 명명되었다. F-106은 내부적으로 많은 변화가 있었지만, 외형적으로는 공기흡기구가 재배치되고, 수직 꼬리날개가 넓어졌으며, 동체 상부가 평평하여 기존 항공기보다 좀 더 날씬해졌다.

    에어브레이크가 F-102의 J57 엔진을 대체한 Pratt & Whitney J75 엔진 배기구 위쪽에 위치한 수직안전판에 추가되었다. F-106 기체 내부에 신형 화력통제시스템인 MA-1이 탑재되어 있었다. 이 레이더가 지상통제소의 SAGE(Semi-Automatic Ground Environment, 반자동방공관제) 시스템과 통합되어, F-106의 오토파일럿(자동조종) 장치를 조종하여 비행하게 함으로서 침입자들을 완벽히 요격할 수 있었다.

    F-102 무장탑재실 도어에 장착되었던 로켓은 제거되었지만 4발의 팰콘 미사일은 계속 장착되었다. F-106에 새로 도입된 무장은 MB-1 지니(Genie) 핵탄두 로켓이었다. 비유도 무기인 지니는 1.5킬로톤의 핵탄두를 탑재하고 있어서, 이론적으로는 소련 폭격기 편대를 한방에 파괴할 수 있었다.

    최초의 F-106A는 1956년 12월에 첫 비행을 실시하였으나, 델타 다트가 최고의

뉴저지 주방위군은 1972년부터 1988년까지 F-106을 운용하였다. 어레스트 후크가 F-106A 동체 하부에 장착되어 있다.

성능을 발휘하기에는 몇 가지 문제가 있었다. 공기흡입구는 재설계되고 더 강력한 J75의 버전 엔진이 장착되고 나서야 F-106은 컨베어 사가 약속한 속도와 가속능력에 도달 할 수 있었다. 화력통제시스템의 신뢰성도 떨어졌으며 계기판에도 수많은 수정이 필요하였다. 이러한 문제들로 인하여 최초 1,000대(F-102를 대체하기 위하여)를 주문할 예정이었으나 실주문 대수는 300대로 떨어졌다.

개선된 버전

복좌형 F-106B는 TF-102A의 병렬 좌석보다 더 효율적인 직렬 좌석으로 바뀌었으며, 연료탱크가 2번째 조종석으로 교체되었기는 하지만, 항력으로 인한 성능 저하를 막을 수 있었다. 말년의 단좌형 F-106B에 기총이 장착되지 않았지만, F-106B는 F-106A와 동일한 무장과 화력통제시스템을 갖추었다. 델타 다트는 최초 계획보다 5년 늦게 작전 운영되었다. 이 항공기는 방공사령부 예하 21개 대대에서 사용되었

항공기의 속도와 상승률은 F-106의 중앙의자 좌우에 있는 테이프형 계기들로 표시되었다.

으며, 1970년대 초반부터는 미 주방위공군에서 사용되었다. 〈Six〉는 오랜 운영 끝에 1988년 퇴역하였다.

주로 본토에 배치

F-102와 다르게 F-106은 수출이 되거나 전투에서 사용되지는 않았다. F-106은 1968년 한반도 위기상황에 한국에 배치되었으며 서독과 아이슬란드에도 일시적으로 배치되었지만 해외에 영구적으로 배치된 적은 없었다. 알래스카에 배치된 〈Six〉는 소련의 투폴레프(Tupolev) 사의 Tu-95 〈베어(Bear)〉와 북극지역을 비행하는 다른 폭격기들을 요격하였다. 메인 주에서 플로리다 주로 이어지는 미국 동부 해안에 배치된 나머지 F-106은 쿠바로 향하는 소련 항공기들을 추적하였다.

De Havilland Sea Vixen

시 빅센 (드 하빌란드 사)

시 빅센은 영국 해군 비행대에서 유일하게 운용된 트윈 붐(twin boomed, 동체가 두 개로 나뉘어 있는) 함재기였으며, 기존에 만들어진 트윈 붐 항공기 중 가장 대형이었다. 영국의 소형 항공모함에서 운용하기 위해서는 능숙한 승무원들이 요구되었으며, 사고율이 높았다.

시 빅센 **FAW.1** 제원

크기
길이: 55ft 7 in (16.94m)
길이(nose folded): 50ft 2$^1/_2$ in (15.3m)
높이: 10ft 9 in (3.28m)
날개 너비: 50ft (15.24m)
날개 면적: 648ft^2 (60.20m^2)

추력장치
롤스로이스 Avon 208 터보제트 엔진 2개 /
엔진당 11,230lb st (49.95kN) 추력

중량
자체중량: 27,952lbs (12,679kg)
운용중량: 35,000lbs (15,876kg)
최대이륙중량: 41,575lbs (18,858kg)

연료 및 탑재 중량
외부연료: 180 US gal (682ℓ) 보조연료탱크 2개
최대탑재무장: 2,000lbs (907kg)

성능
최대속도
· 해면고도): 690mph (1110km/h), 10,000ft
(3048m):
645mph (1038km/h)
10,000ft (3048m)까지 도달시간: 1$^1/_2$분
40,000ft (12,192m)까지 도달시간: 약 6$^1/_2$분
실용상승고도: 48,000ft (14,630m)

무장
드 하빌란드 파이어스트릭 IR 유도 공대공미사일
4발, 전방 동체 아래에 2 in (508mm) Microcell 14발,
500lbs (227kg) 또는 1,000lbs (454kg) GP 폭탄,
네이팜탄, 로켓 포드(2 in/50mm 또는 3 in/76mm
로켓) 또는 불펍 A 공대지 미사일

"1970년대 초기의 무기체계인 시 빅센은, 은퇴 시기를 넘긴 지 이미 오래되었지만, 많은 비행과 경험이 있는 이 항공기는 결코 은퇴를 몰랐다."

– 조나단 웨일리(Jonathan Whaley), 영국해군 시 빅센 조종사 –

- 시 빅센은 영국해군 최초의 후퇴익 항공기였다.
- 시 빅센 항공기 5대 중 1대가 사고로 손실되었다.
- 시 빅센의 AI. 18 레이더는 글로스터 제블린에 사용된 AI. 17의 다른 버전이었다.

드 하빌란드 사 DH.110

그림상의 DH 110 WG236 시제기는 영국공군의 전설적인 예비역 시험비행 조종사인
존 〈Catseye〉 커닝햄이 1951년 9월에 첫 비행을 실시하였다. 1952년 2월 시험비행에서는
쌍발엔진 복좌형 항공기로서 최초로 마하 1을 돌파하였다. 이 항공기는 1952년 9월에
판버러(Farnborough)에서의 시범비행 중 사고로 승무원들과 29명의 관객이 사망하였던 영국
최악의 에어쇼 사고의 주인공이다. 이 일로 인하여 두 번째 시제기는 앞전을 새롭게 개선하였고
날개의 구조를 강화하였으며 전동식 수직꼬리날개를 적용하였다. 이런 개선점들은 양산형
시 빅센에 그대로 유지되었으며, 접이식 날개와 확대된 플랩, 어레스트 후크, 레이더 등
다른 많은 수정사항이 추가로 적용되었다.

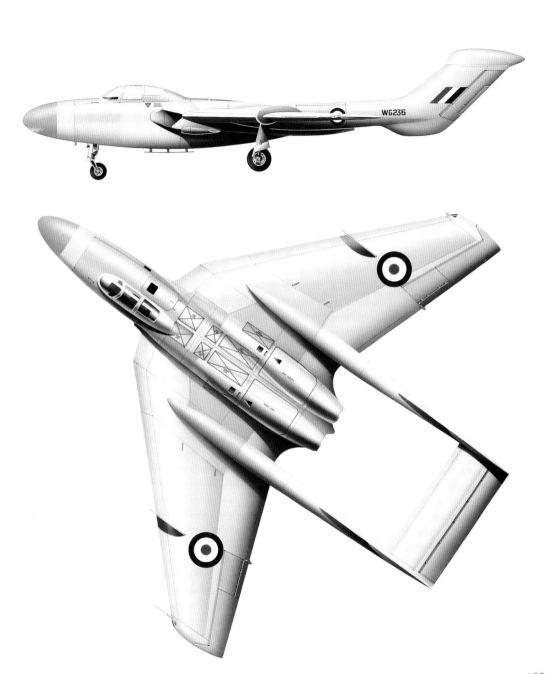

WG236

드 하빌란드 사 시 빅센 – 운용 국가

비행대대	창설 시기	비행기지	운용 현황
700Y 해군비행대대: 비행 집중 부대	1958. 10	영국 서머싯 여빌톤 영국 해군비행대	892 해군비행대대 창설을 위해 1960년에 해체됨
766 해군비행대대: 작전가능훈련	1959. 11	영국 서머싯 여빌톤 영국 해군비행대	
890 해군비행대대:	1960. 02	항모 헤르메스(Hermes) 호에 배치된 두 번째 시 빅센 비행대대 4번째, 5번째로 아크로얄(Ark Royal) 호에 배치됨	시 빅센 Mk1(1960-66)과 Mk2(1967-71)을 운용함
892 해군비행대대:	1943	항모 빅토리어스(Victorious) 호에 배치 (1959. 10) 후 아크로얄 호 (Ark Royal,1960. 3), 센토어 호(Centaur, 1963-65), 헤르메스 호(Hermes, 1967-68)에 배치됨.	FAW.1으로 구성된 최초의 시 빅센 비행대대
893 해군비행대대: 세 번째 시 빅센 비행대대	1960. 9	아크로얄 호(Ark Royal, 1960. 11), 센토어 호(Centaur, 1960-62), 빅토리어스 호(Victorious, 1963-67), 헤르메스 호(1967)에 배치됨.	시 빅센 Mk 1(1960-65)과 Mk 2(1965-70)을 운용함.
899 해군비행대대: 네 번째 시 빅센 비행대대	1961. 2	영국 서머싯 Yeovilton 영국해군비행대 이후 빅토리어스 호 (Victorious, 1963)와 이글 호(Eagle, 1964)에 배치됨.	시 빅센 Mk 1(1961-64)과 Mk 2(1964-72)을 운용함
〈C〉 비행대대:	1968	영국 윌트셔 공군 보스콤 다운 (Boscombe Down)	마텔(Martel) TV 유도 공대지미사일 시험평가를 위해 창설됨.

시 빅센은 기총을 장착하지는 않았지만, 로켓으로 강력한 한 방을 먹일 수 있었다. 800대대 소속 시 빅센 항공기가 2개의 포드에서 로켓을 발사하고 있다

　1947년에 영국공군은 드 하빌란드 사의 모스키토(Mosquito)를 대체할 야간용 제트전투기가 필요하였다. 드 하빌란드 사는 주먹코 모양의 기수에 레이더 탑재가 가능한, 대형 트윈 붐의 쌍발 제트기를 설계하였다. 전전후 전투기가 필요한 영국해군은 DH. 110 설계에 관심을 가지고 요구성능을 제시하여 수정을 거쳐 최종적으로는 서로 다른 형태의 13대의 시제기를 요청하게 되었다. 결국에는 단지 2대의 시제기만이 생산되었다. 그 중 한 대는 1952년 영국 판버러(Farnborough) 에어쇼에서 구조적인 결함으로 관중석으로 추락하며 많은 사상자를 냈다.

　영국공군은 글로스터 제블린을 구입하기로 결정한 반면, 영국해군은 1955년 6월에 최초 비행을 실시한 시제기의 해상용 버전을 주문하였다. 당연히 항공기의 구조는 시제기보다 훨씬 개선되었다. 접이식 날개와 신형 기수를 갖춘 최종 버전은 1957년 시 빅센 FAW.1이라는 이름으로 비행하였고, 영국공군이 최초로 요구한 지 12년이 지난 1959년부터 해군비행대에서 운용되었다. 항공모함에는 1960년 3월에 아크로얄(Ark Royal) 호에서 최초로 운용되었다.

비좁은 동체

　시 빅센은 후퇴익과 트윈 테일붐, 직선익의 수평꼬리날개를 가진 쌍발 항공기였다. 조종사의 캐노피는 기체의 왼편으로 치우쳐서 있었다. 관측사(레이더 조작사)는 동체 후방 우측 하단에 앉았다. 투명한 해치커버가 빛을 투과시켰지만 외부시야는 좋지 못하였다. 두 조종석 모두 사출좌석이 장착되었다. 무장으로 블루 제이(Blue Jay, 나중에 파이어스트릭 미사일로 변경됨) 미사일과 비유도 로켓을 장착하였다. 폭탄과 공대지 로켓도 탑재가 가능하였다.

FAW.2는 공중급유 프로브(probe)와 날개 앞부분까지 연결된 커다란 테일붐(tail-boom)을 가지고 있었다. 붐 안에는 추가 연료를 탑재할 수 있었고 〈면적 법칙〉을 적용하여 비행역학적인 특성을 개선하였다. 신형 레드탑(Red Top) 미사일도 탑재할 수 있었다. 시간이 지나면서 대부분의 FAW.1은 Mk 2 기본형으로 업그레이드 되었다.

시 빅센은 전투에서 한 번도 사용되지 않았지만, 1970년대 후반에 남아프리카에서 로디지아를 제재하기 위한 모잠비크 작전 중 전투초계임무를 수행하였으며, 1961년에 중동에서는 이라크가 쿠웨이트를 침략하기 위해 위협할 당시에도 사용되었다.

안전성의 부족

시 빅센은 안전성 측면에서 독일공군의 록히드 F-104 스타파이터보다 미흡하였다. 대형 전천후 전투기가 영국의 소형 항공모함 갑판 위에서 운용됨에 따라, 착륙시 발생하는 사고와 야간 훈련 중 추락하는 사고가 많이 발생하였다. 초기의 관측사의 해

두 번째 DH.110 WG240은 판버러 에어쇼에서 추락한 첫 번째 항공기보다 좀 더 가볍고 추력이 좋았다. 그러나 운명의 날에 이 항공기는 운용이 불가능하여 첫 번째 시제기로 대체되었다.

시 빅센 조종사의 한쪽으로 치우쳐져 있는 조종석은 넓지는 않았지만, 관측사의 〈석탄 투입구〉보다는 시야가 좋았다.

치는 사출좌석이 작동되기 전에 먼저분리되어야 했으나, 저고도에서는 이 시간이 너무 오래 걸렸다. 따라서 이 해치를 부서지기 쉬운 것으로 교체하여 조종사가 해치를 뚫고 사출될 수 있도록 하였으나, 그럼에도 불구하고 1962년부터 1970년 사이에 30번의 사고가 발생하여 51명의 시 빅센 승무원들이 사망하였다. 1972년에 시 빅센 대부분은 맥도널 더글라스 팬텀 FG. 1으로 교체되었다.

원격 조종 훈련

몇 대의 시 빅센은 D.3 무인기로 개조되어 항공표적으로 사용되었지만 미사일로 파괴하기에는 너무 비싼 항공기였기 때문에 무인기 조종사의 원격조종 훈련용으로 사용되었다. 조종석이 그대로 있어서 탑승한 조종사가 조종할 수도 있었다. D.3는 1991년까지 운용되고 퇴역하였으며, 복원 후 영국의 민간 레지스터에 전시용 항공기로 설치되었다.

McDonnell Douglas F-4 Phantom II

F-4 팬텀 II (맥도널 더글라스 사)

팬텀은 1960년대부터 1970년대 초반까지 가장 강력한 전투용 항공기였다.
비록 대부분의 국가에서 신형 전투기들에게 자리를 내주었지만,
아직도 많은 팬텀이 작전운용 중에 있다.

F-4E 팬텀 II 제원

크기
날개 너비: 38ft 7¹/₂ in (11.77m)
날개 너비(folded): 27ft 7 in (8.41m)
날개 가로세로비: 2.82, 날개 면적: 530ft² (49.2m²)
길이: 63ft (19.20m), 휠트랙: 17ft 10¹/₂ in (5.45m),
높이: 16ft 5¹/₂ in (5.02m)

추력장치
General Electric J79GE-17A 터보제트 엔진 2개 /
   후기연소시 각 17,900lbs (80kN) 추력

중량
자체중량: 30,328lbs (13,757kg)
운용중량: 31,853lbs (14,448kg)
전투이륙중량: 41,487lbs (18,818kg)
최대이륙중량: 61,795lbs (28,030kg)

연료 및 탑재 중량
내부연료: 1,855 US gal (7022ℓ)
외부연료: 동체 중앙에 600 US gal (2271ℓ) 연료탱크 1개,
날개 아래 370 US gal (1400ℓ) 연료탱크 2개
최대장착무장: 16,000lbs (7250kg)

성능
최대속도: 약 마하 2.2
             최대상승률: 61,400ft (18,715m)/분
             실용상승고도: 62,250ft (18,975m)
             이륙활주거리(최대이륙중량): 4,390ft (1338m)
             착륙활주거리(최대착륙중량): 3,780ft (1152m)
순항거리: 1,978마일(3184km)
전투행동반경(지역요격): 786마일(1266km)
전투행동반경(방어제공): 494마일(795km)
전투행동반경(항공차단): 712마일(1145km)

무장
내장형 M61A1 벌칸 20mm 기총, AIM-7 스패로우 미사일 4발,
AIM-9 사이드와인더 4발, 기타 다양한 공대지 무장 장착 가능
(M117 및 Mk 80 계열 폭탄, 확산탄, 레이저유도폭탄,
기총 포드, 네이팜탄, 로켓 포드, B28, B43, B57, B61 핵폭탄),
다양한 ECM 포드 및 레이저 조사기, AGM-12 불펍, AGM-45
슈라이크, AGM-65 매버릭, AGM-78 공대지미사일 등

"F-4를 비행하는 것은 정말 즐거웠다. 이 항공기는 크고 강력하면서도 안정적이어서, 한번 경험해 본다면 한 순간에 매료당할 것이다."
– 대령 론 "Gunman" 무어, 미공군 –

● 미해군 팬텀은 전방시야가 너무 좋지 않아서 후방석에 탑승한 조종사가 항공모함에 착륙할 수 없을 것이라고 판단하여 후방석에는 조종장치를 설치하지 않았다.
● 팬텀을 직접 구입한 11개 국가들뿐만 아니라 호주도 F-4E를 1970년부터 73년까지 임대하여 사용하였다.
● 팬텀은 미국에서 5,195대, 일본에서 138대가 총 생산되었다.

맥도널 더글라스 사 F-4 팬텀 II

1973년부터 일본은 140대의 F-4EJ와 RF-4EJ 팬텀을 획득하였으나, 2대를 제외한 나머지는 미쓰비시에서 라이센스 생산한 것이다. 이 항공기들은 오랫동안 요격기로 사용된 후 1990년대 후반부터 전투기 지원 임무인 지상공격과 대함공격 임무로 전환되었다. 미사와에 위치하고 있는 일본 항공자위대 3비행단 8비행대대 소속의 이 F-4EJ Kai 항공기는 자체 개발한 터보제트 추력의 ASM-2 대함 미사일을 탑재하고 있다. F-4EJ Kai는 업그레이드 프로그램을 통해 APG-66J 레이더와 HUD, 신형 RWR을 장착하였으며, 구조적 수명연장 프로그램을 진행하였다. 팬텀의 전투기 지원 임무는 점점 록히드 마틴의 F-16을 기초로 설계된 미쓰비시의 F-2로 대체되고 있다.

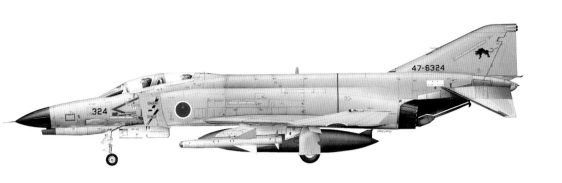

맥도널 더글라스 사 F-4 팬텀 II - 파생형

XF4H-1: 미해군의 2대의 시제기로, 1958년에 최초로 비행함.

F4H-1F(F-4A): 미해군의 복좌형 전천후 함재 전투기. 1959년에 팬텀 II로 명명되었으며, 1962년 F-4A로 재명명됨. 45대가 생산됨.

F4H-1(F-4B): 미해군 및 해병대의 복좌형 전천후 함재 전투기 및 지상공격기. 1962년에 F-4B로 재명명됨.

F-110A Spectre: F-4C에 대한 최초의 미공군 명칭

F-4C: 미공군의 복좌형 전천후 전술전투기 및 지상공격기 버전. 1963년 3월 27일 첫 비행시 마하 2를 돌파함. 583대가 생산됨.

EF-4C 와일드 위즐 IV: 와일드 위즐 ECM 항공기로 전환된 F-4C.

F-4D: 업그레이드된 항공전자장비를 장착한 F-4C. 1965년 6월에 최초로 비행함. 825대가 생산됨.

EF-4D 와일드 위즐 IV: 와일드 위즐 ECM 항공기로 전환된 F-4D.

F-4E: 길어진 RF-4C 기수 내부에 M61 벌컨 기총을 탑재한 미공군용. 1965년 8월 7일에 최초로 비행함. 팬텀 버전의 대다수로 1,389대가 생산됨

F-4E Kurnass 2000: 현대화된 이스라엘 F-4E.

F-4E Peace Icarus 2000: 그리스공군의 현대화된 F-4E.

F-4 Terminator 2020: F-4 버전 중의 최종 모델로, 이스라엘이 현대화시킨 터키 공군의 F-4E.

F-4EJ: F-4E의 복좌형 전천후 대공방어 전투기 버전. 140대가 생산되었으며, 이 중 138대가 일본에서 라이센스 생산함.

F-4EJ Kai: 향상된 항공전자장비를 탑재한 F-4EJ의 업그레이드 버전.

F-4F: 장비가 단순화된 독일공군의 F-4E.

F-4F ICE: 업그레이드된 F-4F.

F-4G: 미해군용. 자동항모착륙을 위한 AN/ASW-21 데이터링크 디지털 통신시스템을 장착한 12대의 F-4B

F-4G 와일드 위즐 V: 미공군의 SEAD 항공기로 전환된 F-4E.

F-4J: 미해군 및 해병대의 F-4B 업그레이드 버전.

F-4J(UK): 1984년 미해군으로부터 영국공군이 구매한 비행시간이 짧은 15대의 F-4J 명칭으로, 일부 영국 장비를 탑재하여 F-4S 기본형으로 업그레이드함.

F-4K: 영국해군 비행대의 F-4J 버전. 팬텀 FG1(전투기/지상공격기)로 운용됨.

F-4M: 영국공군용으로 F-4K가 개조된 전술전투기 및 지상공격기, 정찰기. 영국공군명: 팬텀 FGR.Mk.2.

F-4N: Bee Line 프로젝트를 통해 F-4J와 같은 비행역학적인 개선과 함께 무연 엔진을 장착한 F-4B

F-4S: 기동성 향상을 위해 무연 엔진 및 강화된 기체, 앞전 슬랫을 장착한 현대화된 F-4J. 302대가 전환됨.

맥도널 사는 제2차 세계대전 중 XP-67 배트(Bat) 항공기만을 생산하였다. 맥도널 사가 최초로 생산한 전투기는 FH-1 팬텀과 F2H 밴시(Banshee) 였는데, 밴시는 한국전에서 지상공격용으로 주목할 만한 활약을 하였다. F3H 데몬(Demon)은 맥도널 사의 첫 후퇴익 초음속 항공기였다. 그러나 추력이 충분하지 못하고 신뢰성도 낮은 웨스팅하우스(Westinghouse) 엔진으로 인하여 이 항공기는 실패작이 되었다.

이후 맥도널 사가 데몬의 쌍발 전투폭격기 버전을 제안함에 따라, F3HG라는 명칭의 더 크고 완전히 새로운 복좌형 설계로 변경되었다. 미해군은 이 설계를 좋아하였으나 4문의 20㎜ 기총 대신에 미사일이 장착되도록 요청하였다. 따라서 기총이 제거되고 다른 변경사항이 적용된 XF4H가 최종적으로 주문되어 1958년 5월에 시제기가 첫 비행을 실시한 후 곧이어 팬텀 II로 명명되었다.

작전 운용의 시작

F4H(추후 F-4A) 시험용 항공기가 여러 번의 다양한 시험비행을 통해 속도 및 상승률 등의 기록을 수립한 이후, 미해군은 더 길어진 기수와 개선된 레이더 그리고 레이더 요격장교(RIO)를 위해 커진 후방석 캐노피 등을 장착한 F-4B를 대규모로 주문하였다.

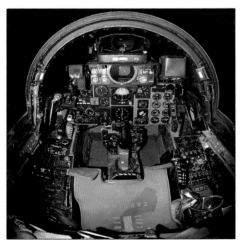

이 F-4의 조종석은 헤드업 디스플레이(HUD)를 장착하고 있으며, 이는 거의 모든 팬텀에 추가된 기능이다.

그 당시에는 일반적이지는 않았지만 미공군은 그들 자신들의 버전을 주문하였으며, 이는 초기에 F-110A으로 불리다가 나중에는 F-4C로 명명되었다.

팬텀은 위로 구부러진 바깥날개와 아래로 구부러진 수평안정판(스태빌레이터)이 특징적이다. 위로 구부러진 바깥날개는 불안정한 롤 성능을 바로잡아 줬고, 아래로 구부러진 수평안정판은 높은 받음각 상태에서 꼬리날개 위의 공기 흐름을 양호하게 유지해 주었다. 배면에는 4발의 AIM-7 스패로우 미사일이 장착되었고 날개 밑 파일론에는 2발 또는 4발의 사이드와인더 미사일을 장착하거나, 연료탱크와 미사일을 조합하여 장착할 수 있었다.

상이한 역할

미공군은 팬텀을 전투폭격기로 사용하였지만, 미해군은 함대 방어 요격기로 항공모함을 보호하는 데 사용하였다. 베트남전에서 미공군과 미해군 모드 F-4가 많이 사용하였는데, 미공군의 팬텀은 가장 성공적인 MiG기 킬러였으며, 미해군은 폭격기로 자주 사용하였다. 그러나 교전규칙이 제한된 상태에서 기총을 제거한 채 신뢰성이 낮은 미사일만을 가지고 임무를 수행하는 어리석음으로 인해 많은 북베트남의 적 MiG기가 도망칠 수 있었다. 임시로 이를 보완하기 위하여 동체 중앙 밑에 기총 포드를 장착하였으나, 긴급 계획을 통해 F-4E의 날씬해진 기수 아래에 내장형 M61 발칸기총을 탑재하였다. 그러나 베트남전의 격추-손실율에 영향을 미치기에는 이미 늦은 조치였으며, 이후 수출용 F-4E에 적용되었다.

F-4D는 내장형 기총은 없었지만, 이 미공군 팬텀은 중앙 동체 밑의 SUU-23 포드에 20㎜ 발칸을 장착하고 있다. 이 무장은 F-4E의 내장형 기총보다 정확도가 떨어졌다.

유럽 상공을 비행하는 독일공군의 F-4F가 등쪽 연료주입구로 연료를 급유 받을 준비를 하고 있다. 날개 아래에 비어 있는 사이드와인더 미사일 장착대가 보인다.

성공적인 수출

팬텀은 이스라엘과 서독, 그리스, 터키, 이란, 이집트, 한국에 판매되었다. 일본은 약 140대를 라이센스 생산하였다. 영국은 제너럴 일렉트릭 J79 터보제트 엔진 대신에 롤스로이스 스페이(Spey) 터보팬 엔진을 장착한 버전을 주문하였다. 이 F-4K(또는 FG.1)는 큰 갑판을 가진 영국해군의 마지막 항공모함인 아크로얄 호(Ark Royal)에서 운용되었으며, 〈아크(Ark)〉가 퇴역하자 영국공군이 F-4M(FGR 2)를 운용하였다.

이스라엘의 F-4E는 전투에 가장 많이 투입되었으며, 1970년 이후로 116번의 승리를 기록하였다. 1980년대에는 이란이 이라크와 많은 전투를 벌였으며, 터키는 쿠르드족에 대한 지상공격용으로 사용하였다.

터키의 〈터미네이터 2020〉 프로그램과 같은 업그레이드를 통해 AIM-120 AM-RAAM 미사일과 헤드업 디스플레이, 현대식 멀티모드 레이더 등을 장착함으로서 21세기에도 팬텀은 생존할 수 있도록 하였다.

Saab J 35 Draken

J 35 드라켄 (사브 사)

스웨덴의 사브 사는 혁신적인 전투기 설계로 유명하였다.
가장 특이한 항공기가 드라켄(드래곤)이었는데,
비교적 수출도 잘 된 최초의 사브 전투기였다.

J 35J 드라켄 제원

크기
길이: 50ft 4 in (15.35m), 날개 너비: 30ft 10 in (9.40m)
높이: 12ft 9 in (3.89m), 날개 면적: 529.60ft^2 (49.20m^2)
날개 가로세로비: 1.77, 휠트랙: 8ft 10^1/$_2$ in (2.70m)

추력장치
Volvo Flygmotor RM6C 터보제트 엔진 1개
· 일반: 12,790lbs st (56.89-kN),
　후기연소: 17,650lbs st (78.5-kN)
　(스웨덴이 설계한 후기연소장치가 있는 롤스로이스 사의
　Avon Series 300 터보제트 엔진을 라이센스 생산함.)

중량
자체중량: 18,188lbs (8250kg)
정상이륙중량: 25,132lbs (11,400kg)
최대이륙중량 · 요격 임무시: 27,050lbs (12,270kg),
　지상공격 임무시: 33,069lbs (17,650kg)

연료
내부연료: 1,057 US gal (4000 ℓ)
외부연료: 1,321 US gal (5000 ℓ)

성능
최대수평속도: 1,147kts (1,317mph, 2119km/h) 이상 /
　[clean] 외장, 36,000ft (10,975m)에서
최대속도: 793kts (910mph, 1465km/h) / 300ft (90m)에서
최대상승률(해면고도): 분당 34,450ft (10,500m) / 후기연소시
실용상승고도: 65,600ft (19,995m)
이륙활주거리: 2,133ft (650m) / 정상이륙중량시
이륙거리(50ft까지): 3,150ft (960m) / 정상이륙중량시

운용거리
순항거리: 1,533nm (1,763마일, 2837km)
전투행동반경: 304nm (350마일, 564km) / Hi-Lo-Hi
　지상공격임무, 내부연료만 탑재시

무장
AIM-9J 사이드와인더 공대공미사일 2발, 휴즈 팰컨 공대공
미사일 미사일 2발, 30㎜ ADEN 기총 1문(총 90발),
최대무장장착: 6,393lbs (2900kg)

"드라켄은 저속으로 단거리 이륙과 마하 2로 착륙이 모두 가능한
최초의 전투기였다."

– 펄 펠레스벅(Per Pellesberg), 사브 시험비행 조종사 –

● 드라켄의 〈더블 델타(이중 삼각익)〉 형태는 전투기 중에서 유일하다.
● 스웨덴의 드라켄은 재래식 다이얼 계기 대신 수직의 테이프 계기를 사용하였다.
● 동체 후방에 장착된 한 쌍의 보조바퀴는 착륙시 제트파이프가 바닥을 긁는 것을 방지하였다.

사브 사 J 35 드라켄

J 35J는 스웨덴 공군용으로 J 35F를 업그레이드한 버전이다. 업그레이드 프로그램은 사브 사의
JAS 39 그리펜의 운영이 지연됨에 따라 2개의 드라켄 비행대대를 운용하기 위하여 도입되었다.
J 35J를 제작하기 위하여 사브는 기수와 조종석을 제거한 후 재제작하였으며, FFV사는 기체의
나머지를 재정비하였다. 외형의 변화로는 기수 아래에 적외선 탐지추적 센서를 장착한 것과
그림에서처럼 AIM-9J 사이드와인더를 장착한 2개의 파일론을 동체 밑에 추가한 것이다.
날개 밑 파일론에는 Rb28(AIM-4C 팰콘) 미사일을 장착하고 있다. 개조된 J 35J는 1987년에서
1991년 사이에 작전에 재투입되었다. 이 항공기는 스웨덴 남부 Angelholm의 F 10 비행단에서
1999년까지 운용되었다.

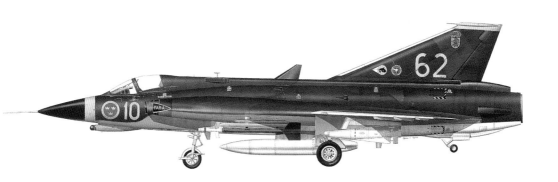

J 35A: 전투기 버전. J 35A는 1959년부터 61년까지
  인도됨. 꼬리부분이 길어져 접이식 꼬리바퀴의 설치가
  필요하였다. 〈Adam kort〉(키작은 아담)와 〈Adam
  lang〉(키 큰 아담) 등 2개의 별명이 있다. 총 90대가
  생산됨.

J 35B: 전투기 버전. 1962년부터 63년까지 인도됨.
  이 버전은 향상된 레이더와 사격조준기를 가지고
  있었으며, 또한 스웨덴 STRIL 60 시스템(전투지시 및
  공중감시시스템)에 완전히 통합됨. 총 73대가 생산됨.

SK 35C: 복좌형 훈련기로 개조된 꼬리부분이 짧은
  25대의 J 35A. 수정사항이 작아서 필요시에는 J 35A
  기본형으로 쉽게 전환할 수 있었음.

J 35D: 전투기 버전. 1963년부터 64까지 인도됨. 좀 더
  강력한 신형 롤스로이스 Avon 300(RM 6C) 엔진이
  탑재되었으며, 후기연소기를 사용시 17,386lbs
  (77.3kN)의 추력을 낼 수 있었음. 또한 가장 빠른
  드라켄 버전이며, 연료가 고갈될 때까지 가속이
  가능하였음. 2문의 기총을 탑재한 마지막 드라켄임.
  총 120대가 생산됨.

S 35E: 정찰기 버전. 비무장이나 생존성 증대를 위해
  대응시스템을 장착하고 있음. 총 28대의 J 35D가
  개조됨. 총 60대가 생산됨.

J 35F: 전투기 버전. 1965년부터 72년까지 인도됨.
  향상된 전자 및 항공전자장비(레이더와 조준기, 및
  미사일 시스템의 통합).

J 35F2: 휴즈 사의 N71 적외선 센서, 즉 IR 탐색기를
  장착한 1대의 J 35F

J 35J: 1985년에 스웨덴 정부는 54대의 J 35F2를
  J 35J 기본형으로 개조하기로 결심함. 1987년, 12대가
  추가로 주문됨. 1987년과 1991년 사이에
  이 항공기들은 수명이 연장되었고 현대식 전자장비와
  기총을 탑재하였으며, 공기흡입구 밑에 사이드와인더
  파일론이 추가되었고 연료탑재량이 증가됨. J 35J는
  1999년에 마지막 비행을 하였음.

사브 35H: 스위스 공군에 제안된 수출용 버전.

사브 35XD: 덴마크 수출용 버전. 단좌형 공격기인
  F–35와 복좌형 훈련기인 TF–35, 정찰기인 RF–35가
  있음. 스웨덴 버전에 비해 공격기로 만들기 위하여
  상당히 많이 개조가 됨.

사브 35XS: 핀란드 공군의 전투기 버전으로 사브 사가
  부품을 제작하고 핀란드 Valmet이 라이센스로 조립함.

사브 35BS: 핀란드에 판매된 중고 J 35B.

사브 35FS: 핀란드에 판매된 중고 J 35F1.

사브 35CS: 핀란드에 판매된 SK 35C.

사브 35O: 1980년대 중반에 사브가 스웨덴 공군으로부터
  J 35D 24대를 재구매하여 J 35O 버전으로 전환함.
  (영문으로 J 35OE로도 표기함). 이 항공기는 이후에
  오스트리아로 수출됨.

핀란드의 드라켄은 1974년부터 2000년까지 전천후로 운영되었다. 오스트리아와 덴마크는 또 다른 수입국이었다.

드라켄(드래곤)은 사브 사 최초의 초음속 전투기였다. 사브 사는 몇 년 만에 노스 아메리칸 사의 F-86과 동급인 1세대 J 29 투난(Tunnan)이나 헌터(Hunter)와 비슷한 J 32 란센(Lansen) 항공기에서 꼬리 날개 없이 마하 2로 비행할 수 있는 델타익 항공기로 도약하였다. 초음속 비행과 델타익 모두 낯설 었던 1949년에 드라켄 개발이 요구되었다. 높은 기동성과 내장형 레이더뿐만 아니라 전쟁 초기 스 웨덴 전투기들이 지상에서 파괴되는 것을 방지하기 위하여 직선 고속도로에서도 운용할 수 있는 능 력을 요구하였다.

드라켄은 〈이중 델타익(double delta)〉으로 설계되어 후퇴각이 안쪽날개와 바깥날 개가 다른 후퇴익을 가지고 있었다. 이것은 '완전한' 델타익인 컨베어 사의 F-102 와 다소 사의 미라지 III와 대비되는 것이었다. 특이한 형태를 시험하기 위하여 사브 사는 〈Lill Draken(작은 드래곤)〉으로 명명된 축소된 시험용 항공기를 만들어 1952년에 첫 비행을 실시하였다. 이 항공기는 제안된 전투기 크기의 70퍼센트 수 준이었으나, 암스트롱 씨들리 아더 엔진은 드라켄에 탑재하려고 했던 것보다 비율

스웨덴공군 F13 비행단 소속의 J 35A 편조가 AIM-9B 사이드와인더의 스웨덴 생산버전인 Rb24를 자랑하고 있다.

적으로 훨씬 더 작아서 Lill Draken의 기동성능은 매우 좋지 않았다. 그럼에도 불구하고 날개 설계의 유효성이 입증되었고, 공기흡입구로의 공기 흐름을 개선하기 위해서는 더 긴 기수가 필요하다는 사실을 증명하였다.

기동 성능에 부합하는 추력

실크기의 J 35 드라켄은 1955년 10월에 첫 비행을 실시하였으며, 라이센스 생산된 롤스로이스 Avon 엔진을 장착하고 있었다. 양산형 드라켄은 스웨덴이 설계한 후기연소장치가 있는 Avon 엔진의 일종인 볼보 RM6B를 장착하였다. 기본 무장은 30mm 아덴 기총과 2발의 AIM-9B 사이드와인더 미사일(국내에서는 Rb24로 명명)을 장착하였다. 이후 모델들은 휴즈 AIM-4 팰콘 미사일(Rb27과 Rb28)을 장착할 수 있었고, 수출용 기종은 후속 버전의 사이드와인더를 운용할 수 있었다.

초기의 J 35 A 이후 여러 개선된 버전이 생산되었으며, 여기에는 J 35D(최초로 마하 2로 비행이 가능하였음)와 S 35E 정찰기 모델 그리고 팰콘 미사일 운영이 가능한 J 35F 등이 있었다. 당시에 스웨덴은 정책적으로 무기를 사용할 가능성이 있는 대부분의 국가에 무기의 판매를 금지하고 있었지만, NATO 회원국인 덴마크는 1968년에 처음으로 전투기와 정찰기, 훈련기를 포함하여 약 50대 가량을 수입하였다. 핀란드도 비슷한 수의 단좌형 항공기를 구매하였다. 오스트리아는

복좌형 드라켄은 교관 조종사가 착륙시 전방을 볼 수 있도록 잠망경을 가지고 있었다.

1980년대에 24대를 획득한 후 2005년에 모두 퇴역시켰다.

결정적인 현실

눈에 보이지는 않지만 드라켄의 가장 중요한 특징은 스웨덴의 데이터링크 시스템과 연결되는 것이었는데 이는 세계 최초로 적용된 것이었다. STRIL 60 지상통네트워크는 초기 디지털 컴퓨터 기술을 이용하여 조종석 계기상의 지시를 통하여 드라켄 조종사에게 사격제원을 제공할 수 있었다. 또한 전파방해로부터 보호되었다.

드라켄의 독특한 외형은 한 가지 좋지 않은 비행특성을 야기하였는데, 기수가 빠르게 들릴 때 〈깊은 실속〉에 진입하는 경향이 있어서 항공기 조작을 잘못할 경우 비행불능상태에 빠질 수 있었다. 이런 상태로 진입하는 것을 피하기 위해서 공중전투기동 중에 각별한 주의가 필요하였다. 훈련 중에 여러 대의 드라켄이 깊은 실속에 진입하여 추락하였다.

드라켄 운용국들은 침입하는 적 전투기를 요격하기 위하여 드라켄을 운용하였으나, 드라켄이 실제 전투에 투입된 적은 없었다. 1970년대와 1980년대에 발트 해 상공에서 드라켄 조종사들은 소련의 신형 항공기에 대한 첫 사진촬영을 실시하였다.

용어 풀이

AAM(Air-to-Air Missile): 공대공미사일

ADV(Air Defense Variant): 토네이도의 대공방어용 버전

AEW(Airborne Early Warning): 공중조기경보

후기연소: 추력을 잠시 증가하기 위하여 점화장치가
있는 연소실 안에 추가로 연료를 주입함으로서
가스터빈 엔진의 추력을 증가시키는 방법

에일러론(Aileron): 세로축을 중심으로 항공기를
회전시키는(rolling) 조종면으로, 일반적으로
윙팁 근처에 장착되어 있음.
에일러론은 조종사의 조종간을 통해 작동됨.

ALARM(Air-Launched 대레이더 미사일): 공중발사
대 레이더 미사일

기체 총중량(All-Up Weight): 작동가능상태에서의
항공기 총 중량. 일반적으로 최대 총중량은 항공기가
정상설계범위 내에서 비행이 가능한 최대 중량임.
반면, 과부하중량(overload weight)은 항공기가
비행할 수 있는 최대 중량임.

고도계(Altimeter): 고도를 지시하는 계기

AMRAAM(Advanced Medium-Range 공대공미사일):
신형 중거리 공대공 유도탄

AOA(Angle of Attack): 받음각, 날개와 기류와의 상대각

가로세로비: 날개너비와 시위선 길이의 비율

ASV(Air to Surface Vessel): 공대지 레이더. 함정과

잠수함의 위치를 탐지하기 위한 공중탐지레이더임

ASW(Anti-Submarine Warfare): 대잠전

ATF(Advanced Tactical Fighter): 차세대전술전투기

AWACS(Airborne Warning and Control System): 공중
조기경보 관제시스템

기본 하중(Basic Weight): 항공기 자체중량과 운용에
필요한 연료 및 조종사 무게를 더한 중량

CAP(Combat Air Patrol): 전투초계임무

무게중심(Centre of Gravity): 기체의 모든 무게가 모여
있다고 생각하는 기체 내의 점. 기체가 이 점을 중심으로
떠 있다고 한다면 균형상태에 있다고 말할 수 있음.

압력중심(Centre of Pressure): 모든 비행역학적 힘들이
집중되는 날개 위의 한 점

시위(Chord): 앞전과 뒷전 사이의 단면

델타익: 그리스 알파벳의 델타(삼각형) 모양의 날개

유효탑재량(Disposal load): 승무원과 소모성 하중(연료,
미사일 등)의 무게

ECM(Electronic Countermeasures): 적 레이더를
교란하기 위한 전자방해수단

ECCM(Electronic Counter-Countermeasures):
레이더 재밍에 대한 방어능력을 향상시킴으로서
ECM의 효과를 줄이기 위한 수단

엘리베이터(Elevator): 비행 중에 항공기를 상승 또는
강하시키기 위한 수평조종면. 일반적으로
수평꼬리날개에 장착되어 있음.

EW(Electronic Warfare): 전자전

FAC(Forward Air Controller): 전방항공통제사.
전선 근처에서 공격항공기가 표적을 식별할 수 있도록
안내하는 전방 관측요원

FGA(Fighter Ground Attack): 전투기의 지상공격

FLIR(Forward-Lookinginfra-Red): 자동차 엔진과
같은 물체에서 나오는 열을 탐지하기 위해 항공기에
장착된 열탐지 장비

FRS(Fighter Reconnaissance Strike): 전투용뿐만
아니라 정찰 및 공격용으로도 운용될 수 있게 개발된
항공기

가스터빈: 연료가 점화되면서 발생한 고열의 가스가
터빈을 회전시키는 엔진

GPS(Global Positioning System): 항법용 위성 시스템

GR(General Reconnaissance): 일반 정찰

HOTAS(Hands on Throttle and Stick):조종사가
무장 선택 스위치나 다른 장비를 조작할 때에도
스로틀과 조종간에서 손을 뗄 필요 없이 항공기를
조종할 수 있도록 고안된 시스템

HUD(Head-Up Display): 조종사가 계기판을 내려다볼
필요 없이 조종석 캐노피에 기본적인 정보를
투사되도록 고안된 시스템

IFF(Identification Friend or Foe): 적아 식별장비

INS(Inertial Navigation System): 관성항법장비

IR(Infra-Red): 적외선

제트추진(Jet Propulsion): 제트엔진에 의해 압축 공기가
배출되면서 한 방향으로 추진되는 원리

라미나 기류(Laminar Flow): 항공기 날개 위로 흐르는
공기층의 아랫부분은 안정적인 반면 위쪽으로
올라갈수록 점점 가속되는데 이를 라미나 기류라고 함.
날개 표면이 매끈할수록 기류는 부드럽게 흐름.

착륙 중량: 항공기가 착륙하는 시점의 총 중량

LANTIRN(Low-Altitude Navigation and Targeting
Infra-Red for Night): 야간 저고도 항법 및 공격 장비

LWR(Laser Warning Radar): 레이저 경고 레이더.
조종사가 미사일 유도 레이더 빔이 추적하는 것을
인지할 수 있도록 항공기에 장착된 장비

마하(Mach): 오스트리아 출신 에른스트 마하(Ernst
Mach) 교수의 이름에서 따온 것으로, 마하 넘버는
항공기나 미사일 속도의 음속에 대한 비율임.
해면고도에서 마하 1은 대략 1226km/h(762mph)이며,
30,000ft에서는 약 1062km/h(660mph)임. 항공기나
미사일이 마하 1 이상이라는 것은 초음속으로
비행한다는 것을 의미함. 마하 넘버는 대기온도와
압력에 따라 달라지며, 조종석 내 속도계에 표시됨.

최대착륙중량: 설계나 작동제한 등의 이유로 항공기가
착륙할 수 있는 최대 중량

최대이륙중량: 설계나 작동제한 등의 이유로 항공기가
이륙할 수 있는 최대 중량

MG(Machine Gun): 기총

NATO(North Atlantic Treaty Organization): 북대서양
조약기구

NBC(Nuclear, Chemical and Biological): 화생방

운용하중(Operational Load): 특별한 임무를 위해 항공기에 필수적으로 탑재해야 하는 장비를 포함한 항공기 중량

위상배열레이더(Phased-Array Radar): 기계적으로 안테나를 회전시키지 않고 고정된 다수의 안테나에 전파의 위상을 전자적으로 변화시켜서 레이더 빔을 주사하는 레이더. 이 레이더의 장점은 동시에 수백 개의 표적을 추적할 수 있으며, 몇 마이크로세컨드 이내에 빔을 추적하던 표적에서 다른 표적으로 지향할 수 있음.

펄스-도플러 레이더(Pulse-Doppler Radar): 도플러 효과를 이용하여 표적에서 반사된 레이더파의 주파수가 변화되는 값을 측정함으로서, 고속으로 이동하는 표적을 지상 클러터로부터 구분하는 공중요격용 레이더.

러더(Rudder): 수직꼬리날개의 일부로 항공기를 좌우로 요잉(yawing)시키는 수직 조종면

RWR(Radar Warning Receiver): 레이더 경고 수신기. 항공기 적 미사일 유도 레이더에 의해 추적되었을 때 조종사에게 경고해 주는 항공기에 탑재된 장비

SAM(Surface-to-Air Missile): 지대공 미사일

SHF(Super High Frequency): 초고주파

스핀(Spin): 항공기가 조종불능상태의 실속(stall)에 진입하여 요잉(yawing)이나 롤링(rolling)이 발생되는 하는 상태임.

SRAM(Short-range Attack Missile): 단거리 공격용 미사일

실속(Stall): 항공기 날개 표면 위로 부드럽게 흐르던 기류가 와류로 변하면서 양력이 감소되어 조종불능 상태에 이르는 상황

스텔스(Stealth) 기술: 항공기 등의 레이더 반사파를 줄이는 기술. 대표적인 스텔스 항공기는 록히드사의 F-117과 노스롭사의 B-2 항공기임.

STOVL(Short Take-off, Vertical Landing): 단거리 수직 이착륙기

이륙 중량: 이륙시의 항공기 중량

터보팬 엔진: 추가 추력을 만들기 위해 공기를 엔진 연소실뿐만 아니라 엔진 측면으로도 보내는, 매우 큰 전방 팬을 추가로 장착한 제트엔진의 일종. 이를 통해 추진력이 및 연료효율이 더 좋아짐.

터보제트 엔진: 고온의 가스로 추력을 만드는 엔진

가변날개(Variable-Geometry Wing): 날개의 후퇴각이 비행속도에 적합하도록 변화되는 날개.

VHF(Very High Frequency): 초단파

VLF(Very Low Frequency): 초장파

V/STOL(Vertical/Short Take-off and Landing): 수직이착륙 항공기

와일드 위즐(Wild Weasel): 방공망 제압 임무를 위해 특별히 생산된 전투기에 부여된 코드명

요잉(Yawing): 러더를 사용하여 항공기의 수직축을 중심으로 회전시키는 조작. 항공기가 비행경로 선상에서 벗어나 오른쪽이나 왼쪽으로 움직일 때 요잉한다고 말함.